How to Write a Scholarly Article in English for Researchers

研究者のための
英語論文の書き方

Takehiro Iwatsuki 岩月猛泰 著

東京図書

本書を手にとってくださり、ありがとうございます！

いきなりですみませんが、最初に1つ質問させてください。

英語で論文を執筆できると得することは何でしょう？

答えは複数ありますが、実際にこの文章を読んでいる読者のみなさんもいくつか思い浮かんだかと思います。

例えば、研究論文を世界中の多くの方に読んでもらえる、引用数が増える、海外の方と共同研究ができる、研究評価の依頼の仕事がくる、海外に住んで研究できる機会が増える、日本の同僚に認められる、昇格できる、研究レベルが上がる、英語圏のみならず海外で仕事が取れる……。本当にたくさんのメリットがあります。これが英語論文が秘める力です。日本で研究活動をしていたとしても、英語論文ならばその評価は世界中から得られるので、日本だけの評価と比較して高いことは周知の事実です。

英語で論文を執筆することで、あなたの人生は大きく好転します。

15年前、私は英語が全くダメでした。スポーツ推薦で入学し、大学の成績も2.1と英語と同様にさっぱりで、日本語ですら文章を上手に書くことができず、大学の卒業論文はただ書いただけでした。

しかし、大学院に進学後、研究論文を日本語で執筆し、のちにそれを英語に変更したことを皮切りに、これまで30本以上の論文を執筆し、世界的にレベルの高い学術誌に研究論文を掲載するまでになりました。

そして、ここ10年間だけでも、学費全額免除で博士号を取得することに始まり、米国で教員の仕事を獲得、アメリカ航空宇宙局（NASA）の研究評価員に抜擢、さらに心理学で最も名の知れたアメリカ心理学会（APA）から本の1章の執筆を依頼されるようになりました。

英語の全くできない私でも、習練により執筆できるようになりましたので、**誰でも英語で論文を執筆することは可能です。**

　本書では、英語論文がもたらす可能性や執筆方法、インパクトファクター、オープンアクセス、そしてハゲタカジャーナルとは何なのか——といった英語論文の全般的な総論編と、実際に研究論文を執筆する際の基本的な構成要素別のポイントや、査読者を満足させる執筆テクニック、誰でも迷うことなく5段落で書く「緒言」や「考察」のコツなど、実践編として本書の中盤でわかりやすく解説しています。

　また、実践編の後半では、英語論文を実際に投稿する手順や査読者を満足させ「Accept」を獲得、論文が掲載されるまでの道のりと戦略をお伝えしています。

　さらにコラムでは項目ごとのちょっとした経験談を、COFFEE BREAK は裏技的な読み物として楽しんでもらえれば嬉しいです。

　今現在、研究論文の執筆自体が苦手（A地点）であっても、英語論文を投稿して掲載される（B地点）まで、豊富な事例つきでわかりやすく解説していきます。

　もし英語で論文が掲載されたら、複数の論文が英語で掲載され始めたらどのような未来が見えるか。そんなことを考えながら、読み進めてみてください。そして実際に研究論文を執筆する際、参考例を用いたり、掲載されやすい論文構成にできているかを確認したり、執筆の際に、出てきた悩みに応じて教科書・攻略本のように使って頂けたら嬉しいです。

　英語で論文を執筆・掲載することで影響力を身につけて、明るい将来をゲットしましょう！

岩月猛泰
イワツキ教授（YouTube）

contents

はじめに ……………………………………… ii

目　次 ……………………………………… iv

📎 総論編　　　　　　　　　　　　　　　1

第1章　英語論文の執筆とは ……………… 2

1.1　英語論文が与えてくれる可能性 ……………… 2

1.2　日本語論文との違い ……………………… 4

1.3　初めての英語論文の執筆方法 ……………… 7

　コラム　ネイティブによる論文チェック ……………… 11

　コラム　英語論文の掲載数が力に ……………… 12

1.4　研究ジャーナル（学術誌）の決め方 ……………… 12

　コラム　研究論文の量より質を求めるとき ……………… 15

1.5　インパクトファクターとは ……………… 18

1.6　オープンアクセスとは ……………… 20

　コラム　オープンアクセスの査読者としての経験 ……… 24

1.7　ハゲタカジャーナルとは ……………… 24

1.8　共同研究者・役割分担 ……………… 27

　コラム　組んではいけない共同研究者 ……………… 32

　COFFEE BREAK　Dr. イワツキのめざせ米国大学教員の道 … 33

第2章　研究の手順確認 ……………………… 36

2.1　研究とは？ ……………………………… 36

2.2　研究テーマのつくり方・絞り方 ……………… 38

2.3　研究デザイン ……………………………… 42

2.4　第2章のまとめ：研究のステップ ……………… 45

コラム 研究データを取る際に気をつけること ……………… 47

COFFEE BREAK 論文のファイルを保存するときのコツ … 48

第3章 **論文執筆前の準備と心構え** ………………… 50

3.1 研究論文の基本的な構成 ……………………………… 50

コラム 細かいことは気にするな ……………………… 53

3.2 よい研究論文の５つの特徴 …………………………… 54

3.3 研究論文の満足される形／印象 UP …………………… 56

3.4 研究論文の 15 通りの読み方 ………………………… 58

3.5 投稿先の体裁の比較 …………………………………… 63

3.6 研究論文執筆のための環境づくりとマインドセット … 66

コラム 著者の集中するための環境作りと段取り ………… 68

コラム パーキンソンの法則とやる気 up 法 ……………… 70

3.7 研究論文を超効率よく執筆するための順番 …………… 71

コラム ファーストドラフトによる修業時代の話 ………… 75

コラム IRB の在り方 ……………………………………… 75

COFFEE BREAK 研究論文をどこまで小さく分けるか？ ……… 77

実践編 79

第4章 **方　法** ……………………………………… 80

4.1 方法を書く際の７つのルール ………………………… 80

4.2 方法で使える言い回し ………………………………… 84

COFFEE BREAK 日本国内で大学教員に就職したい場合に
取り組むこと ……………… 95

第5章 **結　果** ……………………………………… 96

5.1 結果を書く際の 7 つのルール ……………… 96
コラム 統計的有意差がない …………… 98
5.2 統計処理の方法と言い回し ………………… 99
COFFEE BREAK 学術誌に論文を掲載することで拓ける
未来 ……………… 108

第6章 **緒言／イントロ** ……………………… 110

6.1 緒言を書く際のルール ……………………… 110
6.2 緒言は 5 段落構成でスラスラ書ける ……… 112
6.3 緒言執筆後の 5 つの確認ポイント ………… 117
COFFEE BREAK 著者掲載論文の緒言の構成はコレだ！… 119

第7章 **考　察** ……………………………………… 122

7.1 考察を書く際のルール ……………………… 122
7.2 考察も 5 段落でスラスラ書ける ………… 124
7.3 考察執筆後の 5 つの確認ポイント ………… 127
COFFEE BREAK 著者掲載論文の考察の構成はコレだ！… 129

第8章 **抄録・参考文献** ………………………… 132

8.1 抄録（Abstract）の書き方と気をつけるポイント … 132

コラム 日本語の抄録を掲載する学術誌を避ける重要性 133

8.2 抄録の例 134

8.3 文献表記のフォーマット 140

コラム 上級者向け　論文をより素早く書く方法 144

8.4 参考文献を効率よく整えよう 145

コラム 参考文献では日本語の文献を避ける 147

8.5 参考文献を整理するためのソフトウェア 148

8.6 必見！　プレゼンテーション／学会発表をする場合の心得 149

COFFEE BREAK 大学教員の仕事を獲得するために
欠かせない５つのこと　前編 152

第9章 **投稿に関する注意** 154

9.1 研究論文投稿への最終確認 154

9.2 掲載される論文と却下される論文 157

9.3 英文校閲をお願いする際に忘れてはならないこと 160

9.4 査読者が注意して評価していること 164

9.5 英語論文の投稿方法 168

コラム 査読者の推薦 173

第10章 **査読後** 174

10.1 学術誌に提出した論文の結果 174

10.2 却下（Reject）時に、まずすること 175

コラム Rejectされた時に精神的なモチベーションを
保つ方法 175

10.3 修正できるもの、できないものの対応 ……………… 177

コラム 修正のさじ加減 ……………… 179

10.4 掲載されるための査読者への対応方法 ……………… 180

コラム 米国の教員への応募（アプライ）に
英語論文数は何本求められますか？ ……………… 183

10.5 査読者への対応に使える模範解答集 ……………… 183

10.6 「Accept」獲得までの道のり ……………… 187

コラム 著者の「Accept」獲得までの道のり ………… 188

10.7 研究論文を書くためのモチベーションを上げる方法

……………… 191

コラム なかなか頑張ることができないとき ……………… 193

COFFEE BREAK 大学教員の仕事を獲得するために
欠かせない５つのこと　後編 ……………… 195

おわりに ……………… 198

参考文献 ……………… 199

付録　使える英語表現、避けるべき英語表現　虎の巻 … 201

索　引 ……………… 209

謝　辞 ……………… 212

著者紹介 ……………… 214

装　丁　　　岡　孝治
誌面デザイン　㈱オセロ

総論編

第 1 章　英語論文の執筆とは

第 2 章　研究の手順確認

第 3 章　論文執筆前の準備と心構え

英語論文の執筆とは

1.1 英語論文が与えてくれる可能性

「研究論文は、英語で執筆したほうが日本語で執筆するよりよい」という考えのほうが多いのではないでしょうか。少なくともこの本を手に取った読者はそうでしょう。**英語で論文を執筆するメリットとして、主に以下の5つがあります。**

> 英語論文による5つの可能性
> ① 日本人以外の論文読者を獲得できる
> ② その結果、自分の研究を世界中にアピールできる
> ③ 日本でも仕事を取りやすくなり、昇格もしやすくなる
> ④ 海外でも仕事をとれる機会が広がる
> ⑤ 海外の方との共同研究につながる

　もう少しわかりやすく具体的な数値を出していうと、世界の80億人のなかで**英語を使う方は20億人で、英語は世界で1番使用されている言語**です。一方、**日本語対話者はたった1億人程度**。これだけみてもかなりの違いです。

　私が英語論文を書いたのは、論文を書き始めて4本目のときでした。初めて英語論文が学術誌（ジャーナル）に掲載されたのは2016年[1]、それから8年の間に、任された本の章が3本[2-4]、アクセプトされた論文が24本、現在査読中のものが7本という実績になりました。また、2021年には、インパクトファクターのある学術誌に合計7本の論文が掲載されています。

　もちろん海外で仕事をするには、会話の能力も必須ですが、研究論文を英語で書き、ジャーナルの掲載数を増やし、コツコツ実績を積み上げることで、自分の将来の可能性が広がるのも間違いない事実です。

　また、共同研究をする際は、世界中の研究者と研究を進めていくことが可能になります。もし皆さんが数ヶ月〜1年間海外で研究することを今後の目標にした場合、これから**研究業績を伸ばすには「英語論文の執筆」によって、海外でも通用する目に見える実績を積み上げること**が最も近道であるのは間違いないです。

日本の研究環境の変化

　「英語論文」の執筆によって職能的に昇格する、あるいは新しい仕事を獲得するなど、どちらも人生への大きなプラスと言えます。また、すでに日本語の論文は評価の対象に全くならない分野さえもあります。その例が、医学関係でしょう。近年では、**博士号取得に英語論文が1本ないと、博士号取得要件に満たない**大学院も多数あると聞きます。

　私は、現在2つの大学の研究室から継続して英文校閲の依頼を受けています。「博士号を取得するのに英語論文が必要なので、執筆から掲載までお手伝いをしていただきたいのですが……」という内容です。また、**医学関係の教員からも、英語論文以外は評価の対象にならないため、英語論文を執筆することが必要**だという話を聞きます。英語論文の重要性に気づき、英語教育をさらに取り入れようとしている大学が日本でも増えていることを、アメリカにいても感じます。

　それを1番肌で感じたのが、2018年にアメリカで仕事を獲得しようとしていたときでした。慶應義塾大学や他大学の教員の募集要項には「**英語で論文が書ける**」、「**英語で授業ができる**」ことが採用に有利になるとあり、その情報を見つけたとき、英語の力がプラスになると感じたのを今でも強く覚えています。

　少子化や人口減。そこから考えてもこれから日本の教育は大きく変わります。変わらざるを得ないのです。何かを変えない限り、大学はどんどん潰れ続けます。それをストップさせるのが、留学生による学生数の増加であり、現状を考えると学生数のキープさせること以外、大学が生き残る方法はありません。

　英語による授業が可能で、研究実績があれば、日本人と留学生への指導ができます。大学の経営サイドも同様のことを考えるでしょう。そのため、日本の大学教育も英語になるのは遠くありません。すでに英語の授業しかない沖縄科学技術大学院大学（OIST）がそのいい例です。

　今後、大学生・大学院生の読者は、大学教員や研究者としての仕事を勝ち取るため、また若手研究者の読者は、正式に雇用されたり、准教授や教授へ昇格する業績づくりのため、英語論文が必要になってきます。

　10～20年と長いスパンでみたときに、日本の教育や研究環境が変わるのは間違いありません。医学と同様に、日本語の論文は全く評価の対象にならない分野が増えるでしょう。やがては英語の論文が主流になる日が来るかもしれません。私は、読者の皆さんの恐怖を煽るためにお伝えしているのでありません。この情報を得ることで、皆さんが英語による論文執筆に挑み、世界中で読み継がれるような、論文を未来へ残していただきたいのです。

1.2 日本語論文との違い

　英語と日本語では、論文執筆にどのような違いがあるのでしょうか。読者の方からこんな質問がでてくるのではないかと思います。以下に、英語で論文を書くとき、日本人が直面しそうな壁、不安を

挙げます。

日本人が感じがちな英語論文執筆へのハードル

① 英語で論文執筆を考えたことがなく、イメージが湧かない

② 英語を話せないので、英語で論文執筆する気になれない

③ 英語の成績が非常に悪かったので、英語に自信がない

④ 日本語の論文執筆経験もなく、英語はレベルが高すぎる

⑤ 英語で執筆して英語圏の方が理解してくれるのか

⑥ 英語で論文を執筆、さらには学術誌に提出して査読者への
　回答、この過程はハードルが高すぎる（その結果、結局論
　文が掲載されない）

1つ、2つと当てはまることがあったでしょうか。

「1.1　英語論文が与えてくれる可能性」でも触れましたが、私は英語も勉強も全くできませんでした。しかし、今では何本もの英語論文が学術誌に掲載され、しかも英語論文を指導する立場です。つまり、英語の成績が悪かろうと、その気さえあれば、英語で論文を執筆することは可能なのです。

日本語の論文を先に

「研究論文の執筆に慣れるため、まずは日本語で執筆したい」という意見は、悪いとは思いません。私も実際、論文を英語で執筆したのは、日本語で論文を3本執筆した後です。1本目は、大学の卒業論文（2011年）[5]、2本目は、卒論にさらにデータを足したもの（2012年）[6]、3本目は、修士論文の一部（2014年）[7] です。その後、英語で執筆し始めました。

1本目から英語論文にチャレンジ

ですが、1本目から英語で執筆し、見事に掲載させたケースも多

くあり、私の周りにもいます。

　私が英文校閲をした博士課程の学生は、博士号を取得する規定に「英語で論文を 1 本は掲載すること」という条件があり、論文の 1 本を英語で、もう 1 本は日本語で 2 本の博士論文を書くことで、博士号が取得できるという規定でした。

　彼女は、将来は海外で研究する機会を得たいといった海外志向が強く、2 本ともどうしても英語で執筆したいという意欲に満ち溢れた学生でした。

　結果、書いた論文が 2 本とも学術誌に掲載された上、博士号の取得後、すぐに教員の仕事に就くこともできました。

　彼女は、「2 本の英語論文のおかげで非常に高く評価していただけました」とのちに語っていました。彼女の例からわかるように、日本語で論文を執筆しないと英語での執筆ができない、もしくは非常に難しい、というのは必ずしも正しいとは言えません。英語が得意ではなかった彼女の論文が雑誌に掲載される過程を目の当たりにして、**「いきなりでも英語で論文執筆、掲載に挑戦することはできる」**ということに再度気づかせてくれました。

日米の論文比較

　さて、そろそろ本題に入りましょう。「執筆・掲載する」ことに関して、英語論文と日本語論文とでは、どのように違うのでしょうか。比較すると、以下のポイントが挙げられるでしょう。

日米の論文比較
① 英語の文章の構造はスッキリとしている
② 言語学的にみても、英語はシンプルでわかりやすく、定型文のような決まり文句も多い。これに対して日本語は表意文字のせいもあるが、複雑で難しい言語である

③ 英語の学術誌は掲載が極めて難しい学術誌から簡単に掲載
　 される学術誌まで幅広く、種類が非常に多い

　文章・論文を書くということに関して、**論文を書くための「戦略・知識・意欲」**があれば英語で論文を執筆することは誰にでもできます。驚くかもしれませんが、論文を執筆する流れに関しては、日本語論文と英語論文とでは大きな違いはありません。**英語論文を書くのに 1 番重要なのは、本人の意欲です。**

　私の好きな言葉の 1 つに、"You can't get what you want until you know what you want." (あなたの欲しい物がわかるまで、それは獲得できない) というものがあります。どのような未来が欲しいのか、それを考えることはとても重要です。それが決まるとやる気は自然と湧いてきます。また、"If you think you can, or can't, you're right." (あなたができると思えば可能で、できないと思えば不可能である) というヘンリ・フォードさんの言葉も意欲、希望、願望の重要性を伝えている言葉です。皆さんが「頑張れば自分でも目標達成できるんだ」と自信を持つことで、その目標は必ず達成できます。英語を話せない方に、明日から話してくださいと無茶振りしているのではないのです。

　次の節では、実際に英語論文の 1 本目を執筆したときに、どの手順で執筆したか、気づいたこと、学んだことは何かだったのかをお伝えします。そこから皆さんがどのように 1 本目の英語論文を書き進めていくのかを具体的に明らかにします。

1.3　初めての英語論文の執筆方法

　以下は、2016 年に掲載された私の 1 本目の英語論文で[1]、修士

論文の内容です。私の経験からどのように 1 本目の英語論文を書き進めるかの方法を **6 つのステップ**で解説します。

英語論文執筆の 6 つのステップ
- （1）日本語で論文を執筆
- （2）1 行ずつすべて英訳
- （3）日本語の先行研究を英語で執筆された論文に変更
- （4）APA フォーマットに合わせる
- （5）英語ネイティブによる確認
- （6）アメリカ人の先生を共同研究者へ招く

Original research

International Journal of
Sports Science
& Coaching

Effects of the intention to hit a disguised backhand drop shot on skilled tennis performance

Takehiro Iwatsuki[1], Masanori Takahashi[2] and Judy L Van Raalte[3]

International Journal of Sports Science & Coaching
2016, Vol. 11(3) 365–373
© The Author(s) 2016
Reprints and permissions:
sagepub.co.uk/journalsPermissions.nav
DOI: 10.1177/1747954116644063
spo.sagepub.com
®SAGE

（1）すべて日本語で論文執筆

　正直なところ、最初は英語で論文を投稿する予定ではありませんでした。修士論文の内容でどこが大切であるのか、どのように論文のストーリーを作るのかなどを考え、まずすべて日本語で執筆しました。英語に自信がなく論文を全く書いたことがない読者は、日本語で執筆を進めてください。

（2）1 行ずつすべて英訳

　論文を書き上げてから、やはり英語で論文を書いたほうが読んで

くれる研究者が圧倒的に増えることから、**日本語で書いた論文を1行ずつすべて英訳**する決心をしました。これは本当に手間の掛かる大変な作業で、地道に辞書やGoogle翻訳などを使い変更していきました。当時の翻訳ツールはミスも多かったので何度もチェックが必要でした。今振り返れば、ここで**英語論文の執筆に切り替えたことが博士課程への研究・論文実績を増やすことになり**、とてもよい決断でした。

（3）日本語の先行研究を英語の論文に変更

　私の論文に引用した先行研究の多くは日本語論文であったため、英語で執筆された研究論文の引用が少なく、同様のことを述べている英語論文はないかを隈なく探しました。これから英語論文を執筆する場合は、最初から英語論文を引用すれば、二度手間は避けられるでしょう。

　論文の査読者は英語圏に多いため、日本語論文は評価することができないのです。このため、先行研究が日本語の論文ばかりだと印象が悪くなったり、雑誌によっては英語の論文を引用していないと弾かれたりします。**英語の論文数は圧倒的に多いので、私の場合、差替え可能な論文はすべて英語論文に変更**しました。

　この先行研究を英語論文に変更するというステップは必ず必要とはいいませんが、**90％以上の先行研究（または参考文献）を英語論文に変更**するとよいでしょう。

（4）フォーマットを変更

　研究論文を書く際、従うことが求められる文献表記の体裁のこと（「スタイル」とも言う）です。私の場合は、APAフォーマット（American Psychological Association；「アメリカ心理学会」という心理学では世界で一番大きな組織が定めている論文執筆の際のルール）に従うことが求められました。心理学、社会学、教育学などにおいて、APAフォーマットの使用を求める学術誌は非

常に多いです。

　私の修論執筆時点では、参考文献が APA フォーマットに沿って書かれていなかったため、修正が必要でした。学術誌によって使用するフォーマットが異なるので、フォーマットの重要性を 8 章で詳しく説明します。

（5）ネイティブによる「英文」の確認

　私が論文を執筆していたときは、アメリカに留学したての頃でした。大学には、私のような英語や文章を書くのが苦手な学生が利用できる文書添削サービスがあり、そのサービスを使い何度もアメリカ人の学生にみてもらい、自分の英語を修正し続けました。英語ネイティブに理解してもらえない文章が多々あり、説明が英語でできないこともありました。1 つの文章も 2 回、3 回以上とみてもらって修正しないと伝わらないことも珍しくはありませんでした。このネイティブの確認は避けて通れないステップです。

（6）アメリカ人の先生を共同研究者へ招く

　英語が達者なネイティブでも研究論文を書いたり、その良し悪しを判断できたりするわけではありません。そこで、可能ならば**ネイティブの先生を共同研究者として招いて**ください。私もアメリカの大学院に留学した際は、指導教官を共同研究者に招いて校閲してもらいました。

　大学教員の読者であればわかるでしょうが、学部生の文章は論文とは言えないことが多いです。成績上位者の学生の卒業論文ですら、研究論文として学術誌に投稿するには、多くの修正が必要でしょう。

　それはネイティブでも同様です。多くの論文を見てもらいましたが、**研究者からするとやはり「研究論文」というレベルには程遠かった**のかもしれません。あらゆる箇所を共同研究者からさらに指摘され、論文を修正しました。

　論文を書き慣れないうちは、きちんと判断ができる方に見てもらった方が、論文のレベルを確保できます。

　上記のうち、5つ目と6つ目は、日本にいる場合だと周りに英語圏の方がいなければ難しいかもしれません。英語が苦手な場合は、英語翻訳サービスや英語ができる友人、ネイティブの共同研究者など誰かの力を借りて英文を正確にすることをお勧めします。

ネイティブによる論文チェック

　よく考えればわかることですが、**英語が話せても、研究論文を書けると思ったら大間違いです。**

　ネイティブでも英語で論文を執筆したことがなければ全く書けません。それこそ日本人も、すべての人が日本語で論文を書けるかというと決してそうではありません。つまり、**「英文」の文法が正確になったとしても、「論文」として成立しているかどうかは別の話です。**このため可能ならば、**ネイティブの先生を共同研究者として招いてください。**

　私の最初の英語論文は、アメリカの大学院に留学中に書き上げました。指導教官にお願いして、共同研究者として招き、論文を見てもらったところ、事前にネイティブの添削を受けていたにもかかわらず、かなりの修正の指摘を受けました。

　単なる英文法の間違いではなく、「論文」として成立しているのか否か、これはきちんと指導ができる方に判断をお願いしなければ、その見極めは難しいのです。

英語論文の掲載数が力に

　英語論文執筆6つのステップを経て書き上げた、著者1本目の英語論文のリザルトは以下の通りです。

■最初の英語論文　リザルト■

- 執筆時期　2014年（4ヶ月）
- 修　　正　2回（Major Revision/多くの修正箇所あり）
- アクセプト　2015年
- 掲　　載　2016年
- ※反省点　最初から英文で執筆したものではなかったので、先行研究・参考文献で日本語論文を掲載していた。それを英語論文に置き換え、APAフォーマットで記載するのが二度手間となった。

　ちなみに、2本目の論文[8]は自分1人で執筆しました。振り返ると、論文の質は非常に低かったと感じますし、掲載された学術誌も提出される論文数が少ないせいか、レベルも低かったのだと思われます（現在は休刊）。

　ともあれ、こうして2本の英語論文を掲載できたことが、博士課程への進学や教員の仕事を得る際の力となったので、取り組んでよかったと思っています。

1.4　研究ジャーナル（学術誌）の決め方

　研究論文をどこに提出したらよいのか。この問題は、いつになっても悩みます。以下の方法で候補を絞るか決定してください。

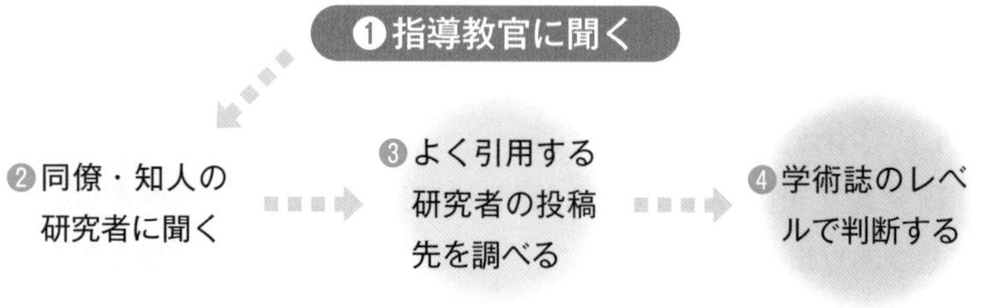

❶指導教官に聞く

❷同僚・知人の
　研究者に聞く　　　❸よく引用する
　　　　　　　　　　研究者の投稿
　　　　　　　　　　先を調べる　　　　❹学術誌のレベ
　　　　　　　　　　　　　　　　　　　ルで判断する

※学生・院生の場合は特に①を最優先にする。教官といい関係が築ければ、卒業（修了）後も相談にのってもらえることも。

図 1.4-1 ▶ ジャーナルの決め方

（1）指導教官に聞く

　研究に関する質問は、指導教官に聞くことが1番です。私は大学院修了後も、大学院の頃の指導教官に論文関係のアドバイスを求めることがあります。

（2）同僚や知り合いの研究者に意見を求める

　似たような研究をしている同僚であれば、意見を聞くことができるでしょう。大学院生なら違う研究室の学生に聞けるかもしれませんが、基本的に皆さんが大学生・大学院生のうちは、まず指導教官に聞くのが最優先です。

　しかし、大学院修了後に指導教官と一緒に研究を進めていない場合には、他の人に聞くことでよい投稿先や新しい選択肢が見つかることもあります。

（3）よく引用する研究者の投稿先

　研究論文を執筆する際、引用する論文が多々ある中で同じ研究者の論文を複数引用しているならば、その研究者の論文投稿先をまず調べてください。

　皆さんの研究内容とその研究者の研究領域がかなり近しい可能性がありますし、複数掲載されている時点で、その研究分野における

有力者かもしれません。私もそのように選んだことがあります。

（4）学術誌のレベルで判断

　研究論文を掲載するのが「難しい雑誌」と比較的「やさしい雑誌」があります。詳しくは次節で論文雑誌の掲載の難易度を表すインパクトファクターを紹介します。基本的に掲載が難しい雑誌は、掲載までに時間がかかるケースが多々あります。反対に論文雑誌のレベルが低い場合は、査読者の評価が甘く通りやすいです。そのため、提出から掲載までの時間が短いことが考えられます。

　いつまでに研究論文を掲載させないといけないのか。論文の掲載

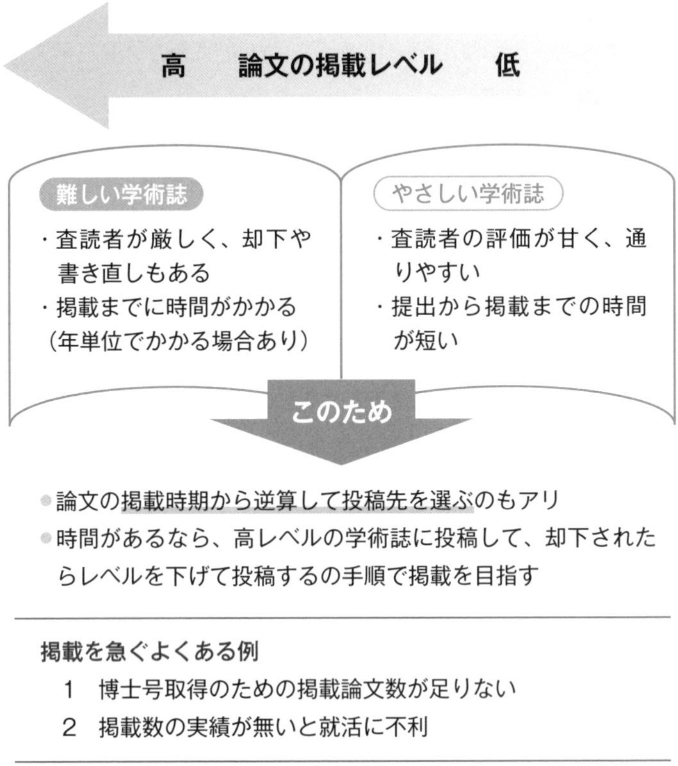

高　　　論文の掲載レベル　　　低

難しい学術誌
- ・査読者が厳しく、却下や書き直しもある
- ・掲載までに時間がかかる（年単位でかかる場合あり）

やさしい学術誌
- ・査読者の評価が甘く、通りやすい
- ・提出から掲載までの時間が短い

このため

- ●論文の掲載時期から逆算して投稿先を選ぶのもアリ
- ●時間があるなら、高レベルの学術誌に投稿して、却下されたらレベルを下げて投稿するの手順で掲載を目指す

掲載を急ぐよくある例
1　博士号取得のための掲載論文数が足りない
2　掲載数の実績が無いと就活に不利

図 1.4-2 ▶ 論文の掲載レベルに合わせた判断基準

をどうしても早くしないといけないケース──例えば、日本の博士課程の大学院生で、論文を揃えないと博士号取得の規定を達成することができない場合などです。私が英文校閲を担当している博士課程在籍中の学生からは、「レベルの高い学術誌に掲載されるよりも、早く学術誌に掲載されることのほうが重要なので、掲載されやすい学術誌を教えて欲しい」という依頼がよくあります。

　また、教員の昇格に論文を揃える必要があるケース（准教授の昇格には論文が5本必要など）で時間が限られている場合は、掲載されやすい学術誌に論文を投稿せざるを得ないこともあります。

　基本的に時間がある場合は、まずはレベルが高い学術誌に投稿し、却下されたらレベルを落としていくという手順で掲載を目指すことが一般的です。

研究論文の量より質を求めるとき

　「研究論文は、量を増やすべきか？　それとも質を追求すべきか？」という質問は非常によく受けるものであり、私自身も以前同じようなことを考えたことがあります。

　ただ、これには現状や研究分野によって異なる考え方があると思います。例えば、論文を出すのが難しい分野で、1本の論文を書くのに数年かかる場合は、「質を追求する」の一択となるでしょう。

　量を増やす場合のメリットとデメリットを簡単に挙げると、次のようになります（質のためのメリットとデメリットは割愛します）。

　大学院生だった頃、私が気をつけていたのは「量」でした。

研究論文の量を
増やすメリット

① 研究成果を多くの方
　に知ってもらえる
　チャンスがある
② 研究分野の知名度を
　上げるチャンスがあ
　る
③ 履歴書や CV が分厚
　くなる

❶ 研究論文の質が落ち
　やすい
❷ 質が落ちると考える
　とよい学術誌に掲載
　されにくくなる
❸ 1 つの論文への執筆
　時間が十分に取れな
　くなる可能性がある

研究論文の量を
増やすデメリット

その結果、よい成果を得ることができたと考えています。

　**仕事の応募時にも、実績となる研究論文が多いと、履歴書も
好印象を与えることは間違いありません。**特に運動学や心理学
の分野では、仕事の応募時には論文のサンプルを 2 つまたは
3 つ提出することが求められる場合があります（アメリカの場
合）。

　その際、**サンプルの論文が提出できないと、仕事の機会を逃
す可能性があることを自分でも認識していたため、仕事を応募
する前に、できるだけ高水準の学術誌に、論文を 3 本掲載す
ることを目標にしていました。**その結果、論文数が増え、高
水準な学術誌 3 誌にも掲載され、高い評価を受けるとともに、
さらに多くの面接の機会を得ることができました。

　また、採用する側の立場になったこともありましたが、応募
者の履歴書を見て研究論文が少ない場合、研究に対するスキル
が不十分なのではないかと感じてしまいました。

　日本では昇進において、論文の量で評価されることが多いで
す。そのため、最低限の量を達成する必要があり、その結果、

レベルの低い大学の紀要などの学術誌に論文を掲載する場合もあります。ただし、このような状況がない場合は、私は質がすべてだと考えています。

　博士課程の時、研究アシスタントとして私は2つの実験を行いました。指導教官はそれらをまとめて、レベルの高い学術誌に発表することにしましたが、私は個人的には別々にして2本の論文があれば十分だと考えていました。しかしながら、指導教官は200本以上の論文を執筆しており、質を重視していたので、2つの実験をまとめるよう方針を示しました。2本をまとめるか、別々に掲載するかは、量と質について非常に明快な例と言えるでしょう。

　現在では、私は量について考えることはありません。質が重要であり、質の高い論文でなければ掲載することも望ましくありませんし、共同研究者として参加することも望みません。
　優れた研究者というのは、共同研究者として参加していたとしても、多数の高品質な論文を掲載しているものだと私は考えています。また、論文の数を増やすよりも、1本の非常にレベルの高い論文が掲載される方が、研究者の評価を向上させます。

　したがって、学生時代や昇進など、何かしらの必要性がある場合は、量を意識しつつも質の高い論文を作成する必要があります。そして、**量がもはや重要ではないと感じる場合は、すぐに質重視に切り替える**ことをお勧めします。
　最初の研究から質を求めることは非常に厳しいため、まずは量を増やし、論文の書き方をマスターしてから、徐々に質を高めていくことが重要です。
　私自身の卒業論文も、質が低かったと感じていますが、当時の私にとってはこれ以上のものは書けなかったし、全力を尽くした結果の論文なのでした。

1.5　インパクトファクターとは

　インパクトファクター（Impact Factor；IF）は、学術雑誌の
レベルを評価する指標です。ジャーナルインパクトファクター
（Journal Impact Factor；JIF）とも呼ばれ、学術誌に掲載され
た論文がどれくらい引用されたかにより、数字が上下します（掲載
された論文と引用数の割合で変化）。

　**IF が高いほうが低い学術誌よりレベルが高いことを示します。
これは、その学術誌の論文を研究者が引用する数が多いことを示し
ており、同じ研究分野内でレベルの高い学術誌と低い学術誌を比較
することができます。**

　例えば、私のスポーツ心理学の領域であれば、*Psychology of
Sport and Exercise* は非常にレベルの高い学術誌で 2023 年
の IF は 5.23。これは単純に論文名と Impact Factor と入力す
ることで得ることができます。*Journal of Sport and Exercise
Psychology* もレベルの高い雑誌であり、IF は 3.02。このように
比較することで、同じ領域内でレベルの高い学術誌を選び論文の投
稿が可能です。IF が高ければ高いほど、査読者のチェックが厳し
く論文が掲載されにくいことが一般的で、これは私の経験からも同
じことが言えます。

IF の功罪

　しかし、IF の使用には問題点が多いことも指摘されています。
なぜなら **IF は、国際的にみてどれくらい論文が学術雑誌から引用
されているかということで評価される指標**です。そのため、英語で
書かれていない論文は IF がない場合がほとんどです。日本語の論
文はどうでしょうか。

　日本語で質の高いと思える論文は多々あり、私の領域でも立派な
論文を書かれている研究者はいます。例えば、知覚・認知と運動

や、運動学と心理学の私の研究領域で、樋口貴広教授は、とても素晴らしい研究者で私の尊敬する先生の 1 人です。

　樋口先生は英語で論文執筆をして、日本語でも書いて、さらに本も多数刊行しています。しかしながら、海外の方には日本語を読んでもらえず、日本語論文では、良質であったとしても国際的に価値のない論文（IF のない論文）という結果になってしまいます。

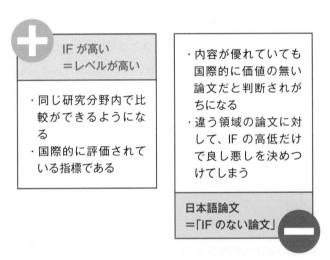

図 1.5 ▶ IF の長所と短所

　また、**領域が異なると単純に IF だけで良し悪しを決めるのが難しいのも特徴の 1 つです**。例えば、健康科学に関する研究とスポーツ科学に関する研究を比較した場合、どちらが科学的に重要でしょうか。いうまでもありません。健康科学のほうが大切な研究領域になります。そのため、多くの研究費がそれらの最重視される研究に使用され、研究者も多く、論文の引用数は増えます。そして、研究論文の価値である IF も自然と上がるという結果になります。

　例えば、健康科学でレベルの高い雑誌としては *The New England Journal of Medicine* があり、IF は 91.25 と驚くべき

高さです。*Cell* は *66.85* と、こちらも非常に高いです。スポーツ心理学の領域であれば、*International Review of Sport and Exercise Psychology* と総説などまとめの論文を掲載させる雑誌がとてつもなく高く、2021 年の IF は 20.65 で、2020 年の 14.33 と比較して大きく伸びました。ちなみに、スポーツ心理学の領域で 2 つ目に IF が高い学術誌は先ほど述べた *Psychology of Sport and Exercise*（IF：5.23）であり、健康科学に関する研究と比較すると IF の差は歴然です。

　しかし、スポーツの歴史などの研究ではその領域で最もレベルの高い雑誌の IF がゼロ。IF でみると何のインパクトもない論文になり、研究領域によって IF は大きく異なります。そのため、**論文を投稿する際は、自分の領域内で IF を確認して論文雑誌を選ぶことが肝要**です。最後にもう 1 つ、この IF の算出方法への問題を検討するためには、オープンアクセスジャーナルの学術誌の理解が必要になります。

1.6　オープンアクセスとは

　オープンアクセスとは、ネット上でオープンに公開されている学術誌です。通常、もしくは以前、研究論文へのアクセスは大学や研究機関がその学術誌と契約を結ぶことで、大学教員、研究者、そして学生が論文を読むことができました。一方、教育機関や研究機関などに属していない場合は、自分でお金を払わない限りは論文が読めない──これがオープンアクセスによって変わりました。

　誰もが論文を読むことが可能なため、研究に興味がある一般の人も含めて、多くの人に読まれるメリットがあり、結果より多くの研究者に引用される可能性も高まります。

　前節で触れたように、IF は研究論文の投稿された学術誌全体の

引用数で決まります。そのため、**オープンアクセスジャーナルの学術誌の IF は高いことが多々あります。誰もがアクセスできるため、論文の質の良し悪しに関係なく、引用されることが多い**からです。引用数が増えるということは、IF が上がる。このように論文の質が低い学術誌でも IF をみるとレベルの高い雑誌と思えてしまうのですが、これは IF の大きな問題の 1 つです。

表 1.6-1 ▶ 掲載環境の違いによる価値の比較

close な学術誌	比較	open な学術誌
学会などに正式に登録	登録	学会などに正式に登録
高＝良質な論文との印象 低＝論文の反響がない印象	IF	常に高いアクセスの傾向 ＝論文の良し悪し不明
それなり	アクセス数	多い
無償	掲載料	有償
IF の高低に比例して難易度が上昇傾向	審査	容易なものが多い傾向
却下（Reject）あり	査読	却下（Reject）すべきものが修正（Major Revision）に回されることも

※英語圏で研究活動をしていれば、IF が高い論文でも、掲載先がすべてオープンアクセスジャーナルの場合、「お金を出さないと論文も掲載できないような研究者」だとみなされる。

▌オープンアクセスによるビジネスモデル

　さて、このオープンアクセスの雑誌はどのようにビジネスを成り立たせているのでしょうか。教育や研究機関などとの契約ではありません。研究論文を掲載させたい著者がお金を自ら払うことで、論文が掲載されオープンアクセスで公開されています。そのため、オープンアクセスの学術誌は、できるだけ多くの論文を掲載させる

ほど、金銭的にもメリットが高まります。この結果、論文が非常に掲載されやすくなってしまうのです。

　以前、私はオープンアクセスジャーナルの *Frontier* や *PLUS One* の査読者をしていましたが、その際、質が悪くて却下した論文がいつの間にか復活していて、「修正された論文の査読をお願いします」と学術誌から毎回連絡が来ていました。

　私の博士課程の指導教官は、*Frontier* で最終的な決定権を持つ「Editor-in-Chief」を務めていましたが、その教官も **できるだけ論文を掲載して欲しい」という要望に疲れて Editor のポジションをすぐ降りたくらい呆れていました。**それだけ、お金に引っ張られてできるだけ論文を掲載させるということでビジネスが進むのが、オープンアクセスの特徴です。

　もう 1 つ私の経験を挙げると、共同研究者が *Frontier in Psychology* に論文を提出したくて、その掲載料も問題なく研究室の予算から支払えるということでした。「早く掲載されたい。オープンアクセスにすることで引用数を増やしたい。」とのことでしたので、私も了解しました。査読のプロセスも非常に緩く、Editor のコメントをみていても早く掲載されるために手助けしてくれる意図が見える回答でした。結果、論文掲載可までスムーズに進み、**掲載料の 3,000 ドル（1 ドルを 140 円で計算して約 40 万円）** を支払い、投稿からわずか 2 ヶ月弱で掲載可になりました[9]。これは、学会などに正式に登録されていて、レベルの高いとされている学術誌とは大きく異なります。

　しかしながら、すべての論文が悪いわけではありません。私の共同研究で投稿した論文も他のクローズのジャーナルでも問題なく掲載されるレベルの内容でした。また、同様にレベルの高い研究者も論文をオープンアクセスジャーナルに掲載させることは多々あります。研究費で数千万ともらっている研究者や研究室であれば、投稿料の 3,000 ドルは気にならないでしょう。それよりも引用数を増

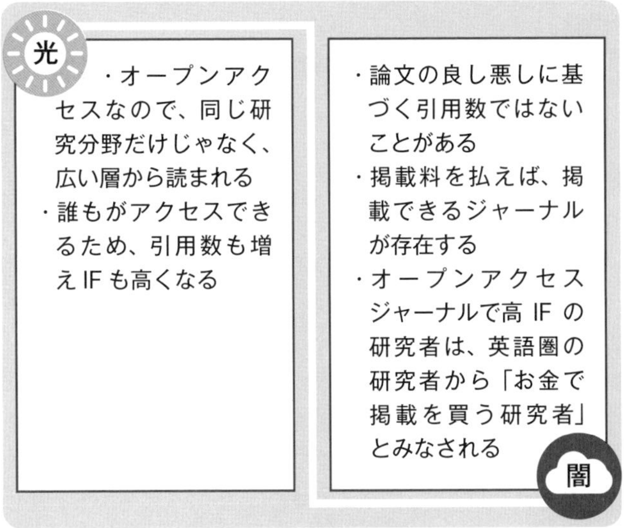

光	
・オープンアクセスなので、同じ研究分野だけじゃなく、広い層から読まれる ・誰もがアクセスできるため、引用数も増え IF も高くなる	・論文の良し悪しに基づく引用数ではないことがある ・掲載料を払えば、掲載できるジャーナルが存在する ・オープンアクセスジャーナルで高 IF の研究者は、英語圏の研究者から「お金で掲載を買う研究者」とみなされる　闇

図 1.6 ▶ オープンアクセスの光と闇

やすことを優先させたい場合は、オープンアクセスジャーナルに論文を掲載しようとする気持ちもわかります。

　このように**オープンアクセスジャーナルに掲載される論文は、「闇」のようなところがあります。**日本人研究者や英語圏出身ではない方で、お金を払って論文を掲載しているように思える方をみかけます。注意したい点は、アメリカなどの英語圏で研究に励んでいれば、IF が高い論文でも、**掲載先がすべてオープンアクセスジャーナルの場合、「お金を出さないと論文も掲載できないような研究者」だとみなされてしまう**ということです。

コラム **オープンアクセスの査読者としての経験**

　以前、オープンアクセスジャーナルでの査読者をしていた際、却下（Reject）した論文でも、ほとんどの著者には却下ではなく修正（Major Revision）として伝えられていたようです。

　というのも、却下したはずの論文がいつの間にか復活していて、「修正された論文の査読をお願いします」と学術誌から毎回連絡が来るからです。

　もちろん、あまりにも質の悪い論文は却下されることがあるでしょう。しかし、この時の査読者の経験からも、オープンアクセスジャーナルでは、論文を却下することは難しいと言えます。私の共同研究者も同様の経験をしています。そのため現在は、査読のお願いが来てもすべて断っている状態です。

1.7　ハゲタカジャーナルとは

　ハゲタカジャーナルは、多額の掲載料を支払うことで論文の掲載ができる学術誌で、査読も非常に緩い・もしくはないことが特徴です。近年、学術誌は数多あります。質の高い学術誌からレベルの低い学術誌、掲載料が無料なものから掲載料に多額のお金を払わない

表 1.7 ▶ **オープンとハゲタカの比較**

open なジャーナル	比較	ハゲタカなジャーナル
なし	登録	同左
常に高いアクセスの傾向＝論文の良し悪し不明	IF	同左
多い	アクセス数	同左

	掲載料	有償（高額）
有償	審査	ザルかなし
容易なものが多い傾向	査読	全許可の勢い
却下（Reject）すべきものが修正（Major Revision）に回されることも		

※ハゲタカジャーナルはオープンアクセスジャーナルの一種。

といけない学術誌まで、その種類は本当にさまざまです。

　1つ面白い実験があります。マサチューセッツ工科大学の学生のプログラムした人工知能（AI）によって、自動で書かれた論文が、雑誌に掲載されたというものです[10]。

　AI が勝手に作った文章が論文雑誌に掲載されるのか、ということを調査した論文で、「誰が書いても通る雑誌がある」と書かれたくらい、掲載前の事前審査がほぼない状況が明らかになりました。

　また、ハゲタカジャーナルとして話題を集めた論文が以下です。「Get me off Your Fucking Mailing List」以外の言葉は何も書いてない論文で、これが *International Journal of Advanced Computer Technology* に実際に科学論文として 2005 年に掲載可になったのです。結局、論文は掲載されませんでしたが、その理由は著者が掲載料の 150 ドルの支払いをしなかったためです[11,12]。

Get me off Your Fucking Mailing List

David Mazières and Eddie Kohler
New York University
University of California, Los Angeles
http://www.mailavenger.org/

Abstract

Get me off your fucking mailing list. Get me off your fucking mailing list. Get me off your fucking mailing list. Get me off your fucking mailing list. Get me off your fucking mailing list. Get me off your fucking mailing list. Get me off your fucking mailing list. Get me off your fucking mailing list. Get me off your fucking mailing list. Get me off your fucking mailing list. Get me off your fucking mailing list. Get me off your fucking mailing list. Get me off your fucking mailing list. Get me off your fucking mailing list. Get me off your fucking mailing list. Get me off your fucking mailing list. Get me off your fucking mailing list. Get me off your fucking mailing list.

　ハゲタカジャーナルと言われる特徴の 1 つは、前節と同様のオープンアクセスジャーナルだということです。英語論文が必要で英語力がなくても論文を掲載させたい、もしくはさせないといけないという立場の弱い研究者側の足元をみて、多額な掲載料を吹っ掛けてくるのです。

　昇格のためなどで英語論文が必要であり、日本人も含め英語が苦手な方などがいわゆる「ハゲタカジャーナル」に論文を投稿しているように感じます。中には、ハゲタカジャーナルだとは知らずに投稿している人もいるでしょう。

　多額の掲載料を支払ってまで、英語の論文の掲載数を増やしても、その研究の正統性に不信感を持たれたり、共同研究者も含めた著者全員の評価も著しく低下すると考えられます。研究論文の掲載のために 30 万円以上など多額の支払いは、論文掲載に実力で到達したというよりも、「論文掲載」という商品を単純に購入しているのとさほど変わらないケースが多いのです。

　私は、論文が 5 本以上された頃から、「論文をこの学術誌に投稿しませんか」というメッセージが毎週届きました。しかし、学会などから認められている歴史ある学術誌は、そもそも研究者に論文の提出を求めるメールなどは送りません。

　このようにメールを送信してくる学術誌は、お金を著者からもらうことでビジネスにしているのです。

　以上をまとめると、まず**お金を払わないと掲載されない場合は、要注意ということです。**アメリカで仕事をしていて教員を雇うメンバーとして履歴書をみる際に、このようなお金を払わないと論文が掲載できないというのは、研究者としてはアウトです。お金で論文を買っているというイメージになってしまうのです。

　近年は、**歴史のある学術誌も著者がお金を支払うことで論文をオープンアクセスにできます。**このほうが、最初からオープンアク

セスの場所に論文を提出するよりも数倍印象がよくなります。

　最初からオープンまたはハゲタカジャーナルに掲載料を支払って得た論文だけでは、研究者自身の評価を落としかねません。そのため、**論文雑誌を選ぶ際には、単に IF の高さで選ぶのではなく、論文雑誌の歴史、自分の領域でのその雑誌の立ち位置や格などを含めて、論文の投稿先を選んでもらいたいものです。**

1.8　共同研究者・役割分担

よい共同研究とは

　「よい研究」を進めるための条件に、共同研究があります。**他の研究者と研究を進めることで、1 人ではできない研究ができます。**また、研究の進捗速度を早めることが可能です。それらのメリットを以下に挙げます。

- 1 人では取ることが不可能であったデータの収集
- 同様にデータ分析や解析
- 論文掲載までの手順で自分が苦手な場所を補ってもらう
- 効率のよい役割分担が可能
- 1 人の負担を減らすことができる

　私は現在、自分の研究領域の過去データからメタ分析（Meta-Analysis）を行っています。私のアメリカの修士課程での指導教官はセルフトーク（Self-Talk）に関するスポーツ心理学の研究領域では世界トップの研究者です。

　私と指導教官は、複雑な統計であるメタ分析には詳しくありませんが、需要がありインパクトが非常に高い研究ができるのは知って

いました。

そこで私は、スポーツ・運動関係のデータを理解でき、この領域もある程度理解できる、かつ複雑な統計ができる研究者を見つけることにして、最終的に共同研究者として Dr. Keith Lohse に加わってもらい研究を進めています[13]。

> Dr. Keith Lohse
> NASPSPA（The North American Society for the Psychology of Sport and Physical Activity）という国際学会で Young Award（毎年若手研究者から1人選出される）をもらうほど研究業績があり、40歳前半にして100本以上研究論文を掲載している、ベストの研究者。

共同研究者が加わることで、何か1つの現象を理解するためにも、心理学的にはどうか、生理学的にはどうか、社会学的にはどうかというように、**1つだけではなく2つ以上の領域からのデータを取ることで深みがある論述を進めることができます。**

例えば、心理学的な指標1つだけでは信憑性が低い（嘘をつくなど）ことがありますが、これを見抜くため、よく知られている実験として、任意の問いかけに対する心拍数の変化を計測して嘘かどうかを見抜く「うそ発見器」を使った実験があります。

これも1つのデータだけでなく、2つ以上の異なったデータから論述を進めることで、信用度が増し、価値のある論文になりやすいのです。結果、レベルの高い、いわゆるインパクトファクター（IF）の高い論文雑誌に掲載されやすくなるということにもつながります。

共同研究をすることは、研究レベルを上げ、研究業績を増やすことにもつながります。私の現在の業績も日米の指導教官のおかげで、**1人で行ったわけではありません。**

共同研究者として指導する場合

私は現在、イラン人、オランダ人、チェコ人の博士課程の学生の

指導をしています。彼らは私から論文の書き方や研究の作り方を学びたい、そして IF の高い学術誌に論文を掲載させるための指導を受けたいとのことで、共同研究者および指導教官の立場で Zoom などを通してアドバイスを行い、その結果、これまで複数の論文が私の領域で IF の高い歴史のある学術誌に掲載されました[14-18]。

　彼らは論文が掲載されるまでの道のりもわからない、査読者への回答もおぼつかない学生であったため、私が論文の責任著者（Corresponding Author）となり、代表して査読者への回答や修正をしました。彼らはこれまでに２本の論文を掲載し、２本が査読中で、掲載までの一連の流れも詳しくなり、ある程度の実績も積むことができたので、今後は「責任著者」としてではなく、「共同研究者」として、研究データを取るアドバイスや英語論文の修正・構成を確認することになるでしょう。

　私がかつて指導教官にしてもらったことを、今このような形で後輩に恩返しできることに幸せを感じています。そして、彼らが頑張ってくれることで私の業績も伸びていますので、彼らへの感謝の念も強いのです。

悪い共同研究とは

　しかしながら、共同研究に関してはすべてがよいわけではなく、私は「もう２度とこの人とは研究を一緒にやりたくない」という嫌な経験もしています。以下が研究を一緒にやってはいけないタイプと言えるでしょう。

- 時間にルーズ
- 責任感がない
- 著者に入れてもらうことだけがメインで活動的ではない
- 進捗状況が全くわからない
- 研究のスキルがない
- やる気が感じられない

• 自分勝手

　この他にも、研究内容やデータの取り方を練り、どのように研究を進めるのかの分担と締め切りを決めていても、その後の相手側の進捗状況は不透明で連絡も全くなく、今の状況を尋ねるといかにもこちらに落ち度があるかのような対応をされたこともあります。

　このように**共同研究が満足いく形で進まないパターンの特徴として言えるのは、相手の研究経験が乏しいのがその 1 つです。**私の経験上、このような研究者とは、かかわってはいけないのです。最後に共同研究で揉めないための 4 つのポイントを紹介します。

表 1.8 ▶ **共著者とのトラブル回避のためのポイント**

困りごとのタイプ	研究をスムーズに進めるための事前対策
（1）著者順・役割が不明確	**著者の順番や役割を先に決める** ・第一、第二、第三著者の順番決定や研究での役割分担を「先に」決めておかないと、後で揉める原因となる。場合によっては、揉めたことで研究から遠ざかる原因にも。
（2）執筆能力が不明	**共同研究者の業績を確認** ・論文掲載経験の乏しい研究者は、文章が荒れており校正に時間がかかる。このため、相手の業績を事前に確認して、自分の分担する仕事量がどのくらいになるのかを把握することが大切。
（3）不正	**共同研究者の倫理観** ・思うような研究結果が出なかったときに、研究結果が悪いものを論文にしたくない人間がチームにいると、そこで研究自体がストップする場合もある。あるいは、論文を掲載させるためにデータの改竄を行うなど、共同研究者の倫理観は前もって知っておきたい。

	共同研究者の研究の時間軸
（4） ルーズ	・研究を早く進めたい人間と急がない人間が一緒だと、精神的に溝ができ、つらい状況になることも多い。そのため、時間軸を共有し、適切に進められるように事前によく話合うこと。

　表1.8の通り、トラブル回避のためには4つのポイントが重要です。まず、（1）は、研究経験の多い教授ですら、著者順で揉めて関係が悪くなりその後研究を一切しない状況を目の当たりにしたことがありますので、非常に重要です。さらに（3）に関して、これは研究のバイアスとしても問題の1つで、**研究論文は「結果が出た」——すなわち有意差がある論文が掲載されやすいケースがよくあるため、研究者は結果が出たものをつい優先して発表しがちです。**

　本来は望む結果が出ていなくても論文を発表すべきなので、結果バイアスに惑わされずに、倫理観を持って判断してください。

組んではいけない共同研究者

　私が「共同研究をしませんか」と尋ねられ始めたのは、博士課程の終盤や教員になりたての頃でした。私は研究経験や業績を増やすために「是非、やりましょう」と答え、研究を開始した経験が何度かあります。

　しかし、とある共同研究をすることになった際、質問紙の翻訳作業をしましたが、その後は一体どんなデータが取られたのかも、研究が進められているのかどうかさえもわからず、何もなかったかのように立ち消えたのです。

　これではなんのために翻訳をしたのかもわかりません。何回も連絡もしましたが、全く進んでいる様子はなく、その後の何の連絡もないため、もう断念したのだろうと判断しましたが、このような経験は2度としたくありません。

Dr. イワツキのめざせ米国大学教員の道

　どうすれば、アメリカで大学教員になれるのか？　そんな疑問にお答えするために、私の戦略をお教えしましょう。

　それはズバリ、

英語論文の実績を積む

この一言に尽きます。

　論文の数だけをみると私が名門大学を卒業して……などと思われた方もいるかもしれません。ですが私の日本大学卒業時の成績は GPA2.1、**特に英語の成績は、C と D が並んでおり、全く成績がよい学生とは言えませんでした。**

　実は、私は高校・大学とスポーツ推薦で進学したので、受験経験が一切ありませんでした。また、高校ではスポーツクラスに在籍していたため、一般画の学生よりもカリキュラムも優しく、スポーツは一生懸命頑張っていたけれど、学校の成績は芳しくない学生——私はそんな学生の 1 人でした。

　その私が英語論文を何本も書き、ジャーナルに掲載されたことでさらなるキャリアアップにつながり、いまや米国の大学教員として働いています。

　私は現在**ハワイ大学に勤務**しています。採用時の決め手は、**NASA の研究評価者の仕事や Google 社のメンタルパフォーマンスコンサルタント**としての経験、また大学での**研究業績や模擬授業で受けた高い評価**が仕事獲得への後押しとなったことは間違いありません。

英語で論文を書くことで、以下のように次第に自分の将来を切り拓きました。これこそが、この本を読んでいる皆さんにも当てはまる

読者限定解説サイト

＼「英語論文」が持つ可能性 ／

なのです。巻末に読者限定の論文や留学攻略ガイドもありますので参考にされてください。

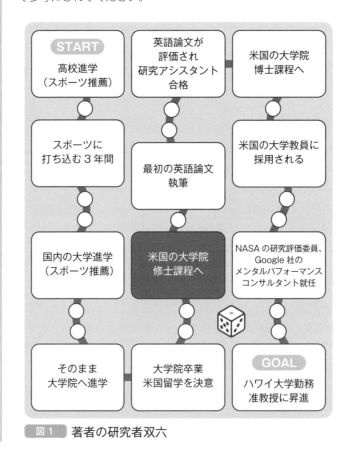

図1 著者の研究者双六

2015〜2016	・英語論文によって研究アシスタントに合格。修了まで学費全額免除と給料支給等で約 2,300 万円獲得 ・自分の研究分野で、世界一売れている教科書の執筆者に師事 ・ヨーロッパ連合（Europian Union）から研究費を獲得し、チェコで研究活動を経験
2017〜2018	・査読者として論文の評価依頼が来始める ・スポーツ科学では世界トップの『Journal of Sports Sciences』に論文掲載 [19]。「Runner's World」でその論文が特集される [20] ・複数の英語論文で研究を高評価され、ペンシルベニア州立大学で教員になる
2019〜2020	・海外からの共同研究の依頼が増え、さらに他大学の大学院生の指導教官になる ・NASA（アメリカ航空宇宙局）の研究評価員として様々な研究書類を評価する仕事に携わる ・研究活動が評価され、Google 社のメンタルパフォーマンスコンサルタントに就任
2021〜2022	・チェコから研究に関して学びたいと Visiting Scholar で研究者が大学を訪問する ・アメリカ心理学会（APA）から論文を依頼される [2] ・ハワイ大学の教員になる ・ハワイ州の倫理審査委員会（IRB）の研究評価員に任命される

図2 著者の英語論文による実績

第2章 研究の手順確認

2.1 研究とは?

研究とは何ですか、という基本的な質問の回答に詰まることは、決して珍しくありません。以前、私はあまり明確な回答ができませんでした。

私は、アメリカの修士課程と博士課程で研究に関する授業、すなわち「**研究方法論**」を合計6つ履修しましたが、講義で使用した教科書には、本によって異なる点はあっても、以下の2点については必ず書かれていました。

「研究方法論」の授業で必ず学ぶ項目
① 研究とは、すでに知っていることを調査することではない
② 研究とは、何かの問題を解決または改善をすることである

研究をするためにはこの2つを常に考えることが重要です。まず、①について補足すると、**わからないことを理解しようとするのが研究の前提条件**です。そのため、何を研究の題材にするのか決めることが重要になってきます。しかし、これは大変な作業で、研究内容が見つからず長い間悩み続けることが多くあります。

その理由は、**大学4年生までの、授業を受けよい成績を取ることを目標とする学習能力と、卒業論文や修士、博士論文の研究するときに求められる能力とでは大きく異なる**からです。

研究に必要な能力は、学校でよい成績を取るために必要な能力や勉強方法とすべてが重なっているわけではないので、そのため、そ

表 2.1 ▶ 授業と研究の比較

授業	比較	研究
すでに決まっている	内容	自分で決める必要がある
必要な場合が多い	暗記	あまり必要でない
必要な場合が少ない	創造性	必要である
試験や課題	審査	論文や発表
必要な場合が少ない	本人の執筆能力	必要である
教えられた事を暗記、求められた課題を提出するなど受け身型	進め方	少しのガイダンスの後、基本的には自立型。教員によっては、野放し状態

れまで成績がよい学生でも、何をしていいのかわからないという壁にぶつかることがあります。その一方、何か新しいことを見つける研究という、全く異なった作業方法に楽しみを見出すことができるタイプの学生もいます。

研究結果はデータを取らなければわからない

　研究データを取る前に、色々なことを調べます。これをやったらこんな結果がでるのではないか、という予想をたてる必要がある仮説検討形の研究でも、結果はデータを取るまでわかりません。そのため、「絶対にこれをやったらこの結果がでる」という**答えがあらかじめ完全にわかっている場合というのは、研究とは言いません。**

　例えば、病気に使う薬は、効果があるか、安全性は大丈夫か、副作用がないか、と市販に至る前に幾通りの試験を繰り返す必要があります。人間の生死に影響するような研究は、安全性が確認されるまで何度も実験が必要で、コロナウイルスワクチンもその1つです。

研究は問題の解決・改善を目指すために行う

　研究において大事な2つ目の点、**何かの問題を解決、または改**

善することについてですが、わたしはこの視点に立って研究を考える方が少ないように感じています。しかし、これがないと本来研究とは言い難いのも事実です。

　例えば、アメリカでよく耳にする社会問題に、「どうすれば肥満率を落とせるか」というものがあります。アメリカでの肥満率は34％（因みに、日本の肥満率は4％）、3人に1人が肥満だと言われていますが、肥満が原因で糖尿病を発症したり、他にも肥満によって多くの病気を引き起こされたりすることで、政府は医療に莫大な予算をつぎ込んでいます。この解決を目指す場合、幾つかアプローチが考えられますが、例えば食べる量に着目した食品系の研究や、運動量やカロリー消費に着目することからも研究ができます。もちろん、両方組み合わせて包括的に研究を進めることも可能でしょう。この場合、肥満率の下げ方に関しての研究で、どちらのアプローチによっても問題の解決や改善につながる可能性があり、価値ある研究と言えます。

　他にも年配の方の転倒率を下げる研究も非常に需要があります。その理由として、転倒の確率は、年齢が上がるにつれて徐々に高まり、また、頭を打ち脳を損傷するなど、大怪我や事故の原因にもつながる可能性があります。したがって、転倒する確率を抑えるためのトレーニング方法や、効率のよい筋肉のつけ方、あるいは足回りの靴や杖といった用具、また住居や道路設備など様々な方面へと解決・改善策を広げることもできます。

2.2　研究テーマのつくり方・絞り方

　研究とは、今までやったことがない事に取り組むことであり、慣れないうちは何をやればよいのかわからない、という壁にぶつかり

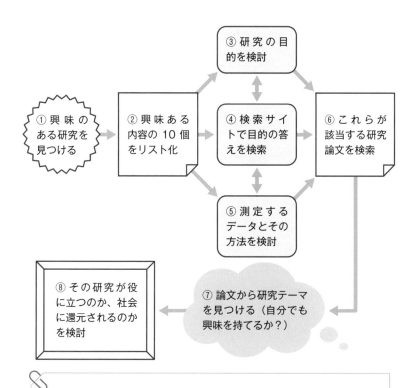

図 2.2-1 ▶ 研究テーマを見つけるロードマップ

❶ ブレインストームから自分がどんな研究に興味があるかを考える
❷ 自分が興味のある内容を 10 個見つけてリストを作成する
❸ その 10 個のリストから研究の目的（Purpose of the study）を考える
❹ 検索サイトなどで簡単にその目的の答えが見つけられるかどうか調べる
❺ 何のデータを取るのか、何を測るのか考える
❻ その研究に関する研究論文を探し、その研究領域で近年の結果がまとめられている論文を探す
❼ その論文から研究テーマになりそうなものを探し、その研究に興味を持てるかどうか再確認する
❽ その研究が何かの役に立つか、自分の研究結果がどのように社会に還元されるかを考える

ます。研究テーマが作れない、見つからない、幾つか見つけたけど絞ることができない、という悩みは私も経験しましたし、似たような声を多く聞きます。それは、前述のように、研究はすでに知っていることを調査することではないからです。研究を始める前には、現在ある知識は何かを調べる必要があります。

研究テーマ探しのテクニック

前記のリストのように興味がある研究テーマを順番に探すことからはじめ、研究テーマを絞り、そして研究の重要性を考えることで初めて役に立つ可能性の高い研究を行うことができます。

❷に関して、研究テーマを幾つ考えた方がよいのかというのは、大学生もしくは修士課程の学生によく聞かれる質問です。10個探すべき理由は、まずできるだけ多くの研究内容を見つける必要があるからです。もし4つ5つしか選んでいなかったら、その中から必要のない研究やすでに行われている研究を削っていくと、研究内容が1つも残らなくなる可能性がでてきます。研究テーマを見つける作業はそれほど難しいのです。そのためできる限り多くの研究テーマを見つける必要があります。

具体的な研究テーマの見つけ方は、興味があるキーワードを3つ選び、それらの検索によって得られた情報から研究テーマを見つけるのも1つの方法です。

自分に興味があるキーワード、例えば、「運動」、「肥満」、「日本」と3つの言葉を入力してGoogleなどの検索サイトで検索します。単純な検索ですが、多くの情報がでてきます。そこから自分で関心が持てるか、またどんなことが調査されているのかを確認し、興味があるものを吟味していきます。

研究論文探しのコツ

研究論文を読む際は、まず**メタ分析（Meta-Analysis）や総**

説（Systematic Review）と言われる、興味がある領域の内容をまとめている論文がないか探すことが特に重要です。

　そのような論文には、その研究内容の予備知識や先行研究の情報だけでなく、どんな研究が今後必要になるのかについて書かれていることが多いので、その情報を得られると、効率よく役に立つ研究テーマを見つけることにつながります。

　最後の❽は難しいステップですが、重要です。このステップを通して研究テーマを決めることは、研究の予備知識が浅い大学生や大学院生には極めて難しいかもしれません。私が、このようなことを踏まえて研究を深く進めていけるようになったのは、博士課程の2年生くらいになった頃です。しかし、前述のステップなしでは、一人よがりの、誰の役にも立たない、ただ大学を卒業・大学院を修了するためだけの研究、もしくは教員として業績を稼ぐための研究になってしまいます。

　そうならないためにも、研究の目的を決める際に大事なポイントは、以下の4点になります。

　研究の目的を決めるポイント
① なぜその研究が必要なのか
② どんなデータを取って何を明らかにするのか
③ 誰が似たような研究をしているのか
④ その研究から研究領域に何を貢献することができるのか

　この4点を通じて、自分にとって興味があり、さらに役に立つ可能性の高い研究を進めることができます。論文が掲載された時に価値があり、高く評価してもらえる研究にするため、図2.2-1のステップは必須です。

2.3　研究デザイン

　研究を進めるにあたってどのような研究デザインがあるのかを知ることも重要です。この節では、量的研究と質的研究の違いを紹介し、さらに基礎研究と応用研究の違いについても解説します。

量的研究と質的研究

　まず 1 つ目の研究デザインとして、量的研究と質的研究という 2 つの手法を比べてみます。どちらの研究にもメリットとデメリットがあり、理解したい研究内容によってどちらを使用するべきかが決まります。

　例えば、大学生において成績のよい学生の特徴は何か、を調査するとします。日頃の勉強時間、バイト時間、毎学期授業を受けているコマ数、学業へのやる気、大学院に進学する意思があるかどうか、高校の成績、親の収入など関係する要因を多く挙げることができます。そして、それに関する質問を被験者に質問紙で回答してもらいます。勉強時間など数値化のできるデータが集まります。そして、何が成績の良し悪しに関係するか（相関関係）、成績のよい学生と悪い学生で統計的に何の項目に差があるか（有意差検定）、高校の成績から大学の成績を予想できるか（重回帰分析）などと、あらゆる統計手法を用いて解答を導くことができます。そして、その結果は、被験者の数が多ければ多いほど一般化することが可能で、大まかな現象を掴むことができます。

　しかし、成績の良し悪しに何が関係していたのかは理解できますが、**深く理解することはこの量的研究からは導き出すことができません**。例えば、どのように勉強していたのか、どのように予習復習していたのか、学業に関してのやる気は何かなど、**深く物事を理解するためには、質的研究が最適**となります。しかし、少人数をインタビューすることなどで物事を検討する質的研究についてのよく挙

表 2.3-1 ▶ **量的研究と質的研究の違い**

量的研究 Quantitative Research	比較	質的研究 Qualitative Research
質問紙	研究手法の比較	インタビュー
実験室などでの実験	研究手法の比較	ケーススタディー
数字を主に使用	研究手法の比較	数字でなく言語などを使用
数字を使用して分析	研究手法の比較	意見や経験を使用して分析
被験者が多い	研究手法の比較	被験者が少ない
仮説を検証する	研究手法の比較	仮説を検証しない
一般化できる	研究結果の比較	一般化できない
客観的な結果表示	研究結果の比較	主観的な結果表示
因果関係を理解する	研究結果の比較	1つの事柄を深く理解する

げられる問題点として、一般化の難しさがあります。そのため、研究の目的を考えどちらの研究手法が相応しいかを考えることが重要です。

基礎研究と応用研究

　基礎研究は、現実世界での実用を念頭におきながら、何かの理解を深めるために（人間世界でまず使えるということを置いておいて）行われる研究です。応用研究は、人々の生活を直接的にどのようによりよくしていくかを目的として行われる研究というところでしょう。例えば、健康科学ではある薬ががん治療に効果的かどうかを検証する研究やコロナワクチンの安全性を調べるなど実用的な使用を目的とした内容が挙げられます。

　基礎研究では、人間に使う薬を作るなどの研究が考えられます。そして人に試す前にネズミなどでその効果を確かめるのが基礎研究です。研究内容によって、基礎研究か応用研究か明確に分けにくいケースもあり、極端に2つに分かれているわけではなくその中間

表 2.3-2 ▶ **基礎研究と応用研究の違い**

基礎研究 Basic/Lab Research	応用研究 Applied/Field Research
基礎的な現象の理解で直接現実世界に役立つかが不明なこともある	現実世界での問題を解決することが目的
即座には役に立ちにくい	すぐに役に立ちやすい
新しい情報を見つける	既存の情報を実際に人間世界で使えるか試す
理論の構築	理論の実用
問題解決につながる新しい技術の開発	直接的な問題解決

もある、というイメージを持つとよいです。

　基礎研究から作られた薬をネズミに使用し効果を確かめ、効果があったとします。そこで、初めて応用研究としてその同様の効果が人間にも現れるのか、男女で差があるのか、年齢に関してはどうかと研究を進めていきます。そうすることでより理解が深まり、実用性の高い研究を行うことができます。

　コロナワクチンはその一例です。既存のワクチンに関する多くの基礎研究や応用研究の知識から、コロナウイルスに効くワクチンの開発が始まりました。どんな成分を含むべきなのかをあらゆる角度から調べ、ネズミなどの小動物で安全性や妥当性を確かめる基礎研究が始まり、人間を対象としたワクチンを投与し、その後の反応などをみながら人間における安全性や妥当性などを確かめます。

　そして、最終的にコロナワクチンとして多くの人々に渡っていきました。これは基礎研究と応用研究のつながりが人々の生活に活かされた身近な例です。

2.4 第2章のまとめ：研究のステップ

具体的に研究を進めていく場合、次のステップを踏まえます。

研究のステップ 確認シート

（クリアしたらチェック欄に ✔ 印を入れる）

☐ ① 先行研究を理解し、研究内容を絞る

☐ ② 研究の目的を明確にする

☐ ③ 仮説検証型か、現象理解型か理解する

☐ ④ 研究目的を達成するためにどのデータを取るべきか検討する

☐ ⑤ 対象者は誰になるべきなのか調査する

☐ ⑥ どのようにそのデータを取るべきか確認する

☐ ⑦ どのようにその取得データを分析するべきか検討する

☐ ⑧ データを取るためのリスクはないのか再度確認する

☐ ⑨ データを取る目的、方法、リスクなどまとめた書類を作成する

☐ ⑩ 倫理委員会にその書類を送る

☐ ⑪ 倫理委員会が安全性や研究目的などを確認し、データ取得開始の許可がでたのち、初めて研究データの取得を開始する

倫理委員会

　この上記のステップは非常に時間がかかり、場合によってはステップを1つもしくは2つ戻ることも求められます。対象者が人

間の場合、⑩の倫理委員会への書類の提出は必ず求められます。

　日本の大学では、研究領域によってはまだ学生が書類を提出せず、卒業論文などでは勝手にデータを取得していることもあると聞きます。しかし、アメリカではそのようなことはありません。

　アメリカでは、大学生の卒業論文でも、大学院の修士論文や博士論文のための研究でも、教員や研究者の行う研究に際してでも、レベルに関係なく必ず倫理委員会に書類を提出して許可を得る必要があります。許可がでない限り研究データを取得することはできません。今後、日本もデータ取得の前に必ず倫理委員会に書類を提出しなければデータ取得ができなくなるなど、多くの大学で規定が変わるのではないでしょうか。

コラム 研究データを取る際に気をつけること

　大学生の卒業論文や大学院生が修士論文を書く際には、以上のステップを実行することが難しい場合もありますが、見切り発車で「とりあえず研究データだけ先に取ってしまおう」というのは全くお勧めできません。

　私が日本で大学生や大学院生だった頃は、スポーツ科学分野においてはIRB（倫理審査）が十分に機能していませんでした。もちろん、医療系ではこのような状況はあり得ませんが、今でも日本の多くの大学で倫理審査が不十分（もしくはほぼ機能していない）状況も多いのではと感じます。

　そのため、倫理審査が甘いのをいいことに、「**とりあえずやれそうな研究データを手あたり次第に取る**」ということになってしまうと、**研究の目的が曖昧に、または見失われてしまい、どのデータを使って何の分析をすべきかもわからなくなり、結果や考察の欄を埋めることができなくなってしまいます。**

　研究においては、1本筋の通った方法が命であり、見通しの悪い方法で行われた研究は、取り返しがつかない場合がほとんどです（実験系の場合は、データ取得後に変更ができないため）。

　研究目的を明確にし、それを達成するためにどのようなデータが必要で、何の分析を行うかを事前に決定することがとても重要です。そうすれば内容の薄い、理解に苦しむ、インパクトのない研究論文になるのを回避することができます。したがって、これらのことを十分踏まえた研究データに絞って取得してください。

論文のファイルを保存するときのコツ

　研究論文のファイルを整理しないと、どの書類が最新のものかわからなくなることがあります。また、すべてを上書き保存すると、以前に書いた情報が消えてしまって、必要になったときにその情報がないということになることもあります。そのため、**一律に上書き保存だけで書き進めるのではなく、一定期間または内容に区切りがついた段階で、その時点でのデータを別名で一時保存することをお勧めします。**

　以前、私は論文が完成したときなど特に「タイトル　完成」などとファイル名をつけていました。ほぼ100%完成した論文は、また修正するので結局「タイトル　最終盤」、「タイトル　完成1」、「タイトル　本当にこれで完成」など、何度もファイル名を変更していましたが、**少し時間が経つとどれが完成版かわからなくなってしまい、また探すのにも時間が掛かって非常にもったいなかった**と感じています。

　現在は、毎日書き足した場合にはファイル名を変更していませんが、一定程度進んだ段階で情報を消した場合は、新しく保存するようにしています。また、一気に情報を加えることができると確信している場合は、先にその日の日付をファイル名につけてから保存し、そのファイルに執筆を始めます。ファイル名は以下のようにしています。

例　2024.04.12 論文の名前

　2024年4月12日を日付として認識できるため、書類を探す場合でも最新の書類は常に一番下にあることがわかります。また、書類のどの部分が見えている場合でも、ファイル名に日付を最初に配置することで、すぐに日付を確認することができます。このようにファイル名を付けることで、探すことや、どれが最新であるかわからないことを解決できました。日付を最後に持ってくることも考えましたが、その場合はファイル名の末尾が表示されて

いないと日付がわからないため、日付をファイル名の先頭に配置することにしました。非常にわかりやすい方法なので、お勧めです。

- 2023.04.30 英語論文　第1-3章　総論編.docx
- 2023.05.10 英語論文　前付　草稿3.docx
- 2023.05.10 英語論文　実践編1　第04-07章　草稿4.docx
- 2023.05.10 英語論文　実践編2　第08-10章　草稿4.docx
- Others
- 用字用語.xlsx
- 謝辞

　作業を進める上で今後使用しない「Others：その他」のフォルダーに、「Old：古い」という名前のフォルダーを作成し、以下のようなファイル名を付けることで、もし戻って書類を見たいときに時間軸で見つけることができ、すぐにファイルにアクセスすることができます。

　ファイル名やフォルダー名は好みに応じて自由に決めていただけますが、このようにファイルや書類を素早く見つけることができるシステムを構築することは、仕事や論文の執筆において効率的であると考えています。

- 2022.11.16 Dr.イワツキの研究者のための英語論文の書き方.
- 2022.11.16 目次_頁数目安.xlsx
- 2022.12.10　01 Dr.イワツキの研究者のため
- 2022.12.10　01 Dr.イワツキの研究者のための英語論文の書
- 2022.12.19 表.docx
- 2022.12.19 第1章　変更履歴による修正のご提案
- 2022.12.19 第1章　変更履歴による修正のご提案.docx
- 2022.12.26 用字用語　草稿2で追加あり.xlsx
- 2022.12.26 英語論文_第1章.docx
- 2022.12.26 表・図.docx
- 2023.02.08 英語論文_第1章～.docx
- 2023.02.08 表・図.docx
- 2023.02.14 英語論文_第1章～.docx
- 2023.02.14 表・図.docx
- 2023.02.15 英語論文_第1章～3章.docx
- 2023.02.15 表・図.docx
- 2023.02.24 英語論文_第1章～6章.docx
- 2023.02.24 表・図.docx
- 2023.02.28 英語論文_第1章～6章.docx
- 2023.02.28 表・図.docx
- 2023.03.01 英語論文_第1章～6章.docx
- 2023.03.01 表・図.docx
- 2023.03.06 英語論文_第1章～6章.docx
- 2023.03.06 表・図.docx
- 2023.03.21 本文.docx
- 2023.03.21 表・図.docx
- 2023.03.28 [原稿]_01-03章_本文_コラム組込.docx
- 2023.03.31 本文.docx
- 2023.03.31 表・図.docx
- 2023.04.01 QR Code
- 2023.04.03 本文.docx
- 2023.04.10 本文.docx
- 2023.04.10 残り.docx
- 2023.04.13 付録.docx
- 2023.04.13 第1-3章　総論編　20230413.docx
- 2023.04.13 第4-7章　実践編1　草稿_20230413.docx
- 2023.04.13 表・図データ追加_20230413.docx
- 2023.04.18 第1-3章　総論編　最終確認済_コラム追加_20230418.docx
- 2023.04.27 全章_コラムのデータ_20230427現在.docx
- 2023.04.27 表・図データ追加_20230427現在.docx
- 2023.04.29 Figures
- 2023.04.30 第4-7章　実践編1.docx
- 2023.04.30 英語論文　前付.docx
- 2023.05.02 英語論文　前付.docx
- 2023.05.02 英語論文　第4-7章　実践編1.docx
- 2023.05.08 英語論文　第8-10章　実践編2.docx

第3章 論文執筆前の準備と心構え

3.1 研究論文の基本的な構成

　研究論文の執筆は、項目ごとに書くべき内容が決まっています。これに対して卒業論文、修士論文、博士論文は大学によって規定などが異なり、書き方や書く内容が異なることがあります。例えば、最初に文献のまとめ（Literature Review）の執筆を求められる場合などがあります。

　しかし、大学に提出する論文とは異なり、学術誌によって規定が大きく異なることはありません。4〜8章で**方法**、**結果**、**緒言**、**考察**の各項目に関して執筆方法を解説しています。研究論文は、多くの学術誌が図3.1の構成になります。

基本構成の詳細

　要約：研究の概要を伝えます。読者が要約を読むことで研究を大まかに理解できるかが大事です。

　緒言：なぜその研究が行われたのかを説明します。この緒言のストーリーからどのような研究が、どの方法で、何のデータを収集しているのかが予測できるのが理想の形です。

　例えば、研究背景として、先行研究でどのような結果が出ているのかを論述する必要があります。また、現在どのような内容の知見が世の中に必要で（**まだ行われていない**）、それをどのような研究方法で調査できるのかを含めることで研究の重要性が伝わります。

　逆にこのような重要な内容がない場合、**研究のための研究**と捉えられてしまい、著者の趣味の研究というニュアンスが強まることで

もあり、社会的意義の低い研究とみなされます。

●各項目にある以下のすべての要素が少しずつ含まれ構成されている

要約	・研究目的　・主な結果や考察 ・方法　　　・結論
緒言	・研究背景　　・過去の研究 ・研究の溝（現在知っていることと知らないこと） ・研究の問題、研究をする意義や研究の重要さ ・仮説
方法	・研究の問題にどのようにアプローチするか ・被験者 ・実験などの研究デザイン ・研究データの取り方や取るデータ ・統計処理
結果	・統計処理後の研究結果 ・統計処理の数値 ・研究結果を視覚的に紹介するための表やグラフ
考察	・結果の要約 ・仮説検証結果の考察 ・過去の研究との関係性 ・研究の限界や今後の展望 ・研究結果の実用用法や研究のまとめ
参考文献	**使用した論文を指定された体裁に整える** ・APA（American Psychological Association） ・AMA（American Medical Association） ・Chicago Format ・IEEE（The Institute of Electrical & Electro-nics Engineers） ・MLA（Modern Language Association）

図 3.1 ▶ 研究論文の基本的な構成

　方法：読者がその研究方法を再現できるか、つまり**再現性が1番重要**です。研究に参加した被験者の情報から、実験デザイン、手続き、データ収集法など正確に執筆されていない場合、同じ手続きで研究を行うことができません。

　結果：研究結果のみを執筆します。多くのミスとして見受けられるのは、結果がどういう意味を示しているのを書くことです。先行研究などを用いた研究結果の解釈は、すべて考察で書くべき内容です。

　結果で大事なことは、平均値、標準偏差、有意差を記すときのp値、効果量（d；Effect size）などの統計データを示しているかです。

　インパクトファクターの高いジャーナル、レベルの高い学術誌では、統計データの表記がないと論文を評価してもらえません。他の研究者がその論文のデータを使用する場合（メタ分析など）、平均値や標準偏差などの基本的な値は正確にすべて含む必要があります。

　考察：「結果」がどのような意味だったのかを解釈・考察し、論述します。**よくあるミスとして多々見かけるのが、結果を繰り返すだけで、結果の解釈をしないこと**です。

　考察は、結果をまとめて、その意味を過去の先行研究を介して論述します。そして先行研究と比べ、どのような結果が出たのか、それはどういう意味なのか、また研究の限界点や今後の展望などを考察の後半で論述します。

　研究の結論は、考察の最後の段落で執筆します。しかし、学術誌によっては、結論と考察を分けて別々に執筆することを求める場合もあります。

　参考文献：指定されたフォーマットに揃えて、正確に文献を並べることに尽きます。参考文献は、指定のフォーマットに倣って統一されていない場合、多くの論文が却下されます。

　研究力や論文執筆能力以前に、**必要事項を確認して何度も見直せばミスは起こらないのが参考文献の執筆**です。そのため、参考文献のでき次第で、その研究論文のイメージも変わると言っても過言ではありません。

細かいことは気にするな

　研究論文の修正のために立ち止まらないことは重要です。1行1行完璧に書いて、さらに1段落ずつしっかり見直していくと、論文執筆にかなりの時間がかかってしまいます。

　日本人は他の国の方よりも、さらにこの細かいところに気を使う傾向があるかもしれません。

　もちろん、丁寧に仕事をこなせるのは素晴らしいことですが、一気に書き切って最後に確認することで、論文執筆をスムーズに進めることができます。文法や文章の構成にまで細かく気を使わずに、まずは一気に書いてみましょう。

　私も特にこの本の執筆では、一気に1日で1章書き切って、次の日に文法などを修正することがありました。しかし、正直なところを言うと、日本語で文章を書く機会は2014年に日本語で論文が掲載されて以来で、その後も幾つかブログを書いたり記事の投稿を頼まれた程度で、ここまでの長文を日本語で書く機会はありませんでした。そのせいか、1章目は他の章の倍以上の時間がかかってしまいました。

　本の執筆以外はやらないという目標を立てたせいもありますが、だいぶ勘を取り戻した8章から10章の3章は、わずか1週間で書くことができました。これは、細かいことを気にせずにまず1章書いてから、読み返すという方法を取った結果です。ぜひ、小さなミスを気にせずに、まずは論文を書いてみてください。

3.2 よい研究論文の 5 つの特徴

（1）フォーマットが整っていること
（2）研究の目的と結果が合っていること
（3）文章がわかりやすいこと
（4）考察は結果に基づくものであること
（5）提出先の学術誌にあった内容であること

（1）フォーマットが整っていること

　研究論文がジャーナルのフォーマットに倣っていないと、評価してくれないことが多々あります。例えば、要約、緒言、方法、結果、考察、参考文献の順序で論文を構成しますが、学術誌によって多少異なることもあります。

　また、参考文献は指定通り正確に並べることが重要ですが、これができていない人が意外と多いのです。ページ数の記載が抜けている、小文字にする箇所が大文字になっているなど、このような細かいミスは少し見直せば気づくものです。これができない人は、私の英文校閲や大学での論文指導の経験上、参考文献以外の箇所も整えられていない可能性が高いです。

　参考文献の並べ方や整え方は指定されたフォーマット（APA など）によって変わるので、細かい箇所にまで気を配る必要があります。

（2）研究の目的と結果が合っていること

　よい研究論文は、研究の目的を読むと、研究手法とその結果が予想できます。研究は、何かの問題を解決するのが根本にあり、その目的を達成するための調査をすることが必要です。

　悪い例は、研究の目的を達成するためのデータ収集をしていないことです。またその結果の良し悪しに関係なく、目的と結果の関係性が薄い場合は、読みにくい研究論文になってしまいます。

（3）文章がわかりやすいこと

　以前、英語論文を執筆した際、難しい単語を使い、文章も長く書いてみましたが、結果としては、とてもわかりにくい研究論文に仕上がったことがあります。

　難しい単語で書かれた長文は賢く、かつ立派な論文に見えるだろうという、勘違い（思い込み）から生じている、いわば論文「あるある」的なものですが、決してアクセプトには直結しません。

　特に、日本語から英語に文章を変えることは容易ではありません。英語で文章を作る際は、①文章を短くする、②無理して難しい単語を使わない、③同分野の英語論文の構成を真似する、以上の3つを心掛けてください。文章で1番避けなければならないことは、読者を混乱させることですが、この3点を守れば、乱文になる確率が下がります。

（4）考察は結果に基づくものであること

　行き過ぎた考察は、嘘をつくことに等しいと言えます。このような考察は評価する側が1番嫌う内容であり、指摘を受けやすいポイントです。このため研究結果を理解し、それに基づいた考察が重要になってきます。

　研究者は、自身の研究に取り掛かる前に、その研究領域を調べるため、理解がより深まっています。このおかげで、様々な角度から考察ができるようになるので、先行研究結果の解釈も可能になるのでしょう。

　しかし、だからこそ、「この（先行研究の）結果から○○と考えられる」といった、自分の研究結果に基づかない考察は加えないように注意してください。

（5）提出先の学術誌にあった内容であること

提出先の検討をする場合は、最初にジャーナルのミッションや傾向、どんな研究論文が掲載されてきたのかを調べ、自身の研究内容が提出先のジャーナルにあっているのか確認することをお勧めします。

近しい研究領域に関して複数の学術誌がある場合、どれに提出するか迷うこともあるでしょう。自身の論文内で、特定のジャーナルに掲載されている論文を複数引用しているならば、そのジャーナルに投稿すれば掲載される可能性が高くなります。

 3.3 研究論文の満足される形／印象 UP

（1）緒言の目的の前に研究の新領域

研究は、何らかの問題を解決・改善するために行われており、多くの研究者が緒言の最後の段落に研究の目的を執筆しています。

しかし、なぜその研究が必要なのかを明確に書いていない論文もよくみかけます。その研究が何を解決し、何をもたらすのか——先行研究より１つ先の知見である「**新領域**」に言及することは、研究の見栄えをよくするためにも必要不可欠です。

① 緒言の目的の前に「研究の新領域」を挿入
② 要約と本文の密接な関係性
③ 目的の明確さ

満足度
UP

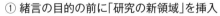
論文の満足度を上げる３つのポイント

図 3.3 ▶ 研究論文の満足度を上げる３つのポイント

（2）要約と本文の密接な関係性

　要約とは、本文の概要を簡潔に説明することです。要約の書き方は 8 章で詳しく解説しますが、要約の結果と実際の結果が異なることがあります。

　多くのジャーナルで、要約の文章量の指定（250 文字以下など）があるため、記載内容を吟味する必要があります。**よい要約とは、本文の重要な箇所が順番通りに書かれていること**です。

　ここで要約の重要性を特に強調したい理由は、編集者（学術誌のエディター）が要約をみて次のステップに回すかどうかの判断することが多いからです。

　編集者による最初の「要約」チェックの関門を通過すれば、査読者に研究論文が回され、1）却下、2）修正、3）掲載可、と掲載まで続く次の段階を踏むことになるため、要約は他の箇所よりも厳格に執筆する必要があります。

（3）目的の明確さ

　「目的は何ですか？」と研究者に聞くと、非常に長い説明をする方がいます。短く 1 行、多くて 2 行で研究の目的を説明できない方は、研究論文の説明も長いです。研究の目的が曖昧な文章は、読んでいてわかりにくく、何のために研究が行われているのかも不透明になってしまいます。

　目的を書くべき箇所は、少なくとも以下の 3 つがあると私は考えています。

- 1 箇所目：要約の前半部分（1 行目か 2 行目）
- 2 箇所目：緒言の最後の段落
- 3 箇所目：考察の第一段落で執筆

前記の後、結果の要約を考察で執筆するととてもわかりやすくなり

ます。考察が長い場合は、考察の最後の段落で、研究の目的を再度
まとめることで、読者の理解度を高める効果があります。

3.4　研究論文の 15 通りの読み方

　研究論文の執筆前は、多くの研究論文を読み、その分野の理解を
深める必要があります。何を目的に読むかを考えることで、無駄な
時間を減らせます。効率のよい研究論文の読み方は、最低でも以下
の 1 つを考慮することが重要です。

- 読む箇所
- 読む目的
- 読んで得たい情報

①　大まかな研究内容

　要約を読むことで大まかな研究内容を理解できます。研究論文を
見つける方法として、興味がある研究キーワードを検索することが
挙げられます。

②　研究の背景・先行研究

　緒言を読むことで研究の歴史や背景を理解できます。具体的な箇
所は、**緒言**の前半部分に大まかな概要があり、緒言の中盤にその研
究論文に類似した論文の議論がされています。

　例えば、私の研究領域の運動学習では、運動をする時に学習者に
自主性を持たせることで、運動の学習やパフォーマンスによい効果
を与えるか、という研究論文が多くあります。緒言の前半は、自主
性はどのようなことかなど、比較的理解しやすい一般的な内容から

表 3.4 ▶ 目的別研究論文の 15 通りの読み方

①	大まかな研究内容	→	要約
②	研究の背景・先行研究	→	緒言の前半
③	研究内容の調査	→	緒言の後半、考察の後半
④	研究論文の構成	→	状況による
⑤	使えるフレーズ	→	状況による
⑥	研究の目的	→	要約、緒言、考察
⑦	研究デザイン	→	方法
⑧	被験者の数	→	方法
⑨	統計処理の手法	→	方法
⑩	表や図の作成方法	→	結果
⑪	統計処理の結果の書き方	→	結果
⑫	他の研究結果の解釈	→	考察
⑬	自身の研究結果の解釈	→	考察
⑭	使用されている研究論文	→	参考文献
⑮	文献の整え方	→	参考文献

論文が構成されています。そして、**緒言の中盤には、数年前の研究方法やその成果、未だ解明されていないことなどが中心に執筆されていることが多い**です。

③ 研究内容の調査

卒業論文や修士論文でよく学生が陥る壁は「何をしてよいのかわからない」という問題です。「どんな研究をしてもよい」と言われても何をしたらよいかがわからない。その場合、論文を読む目的は、自身の研究内容を見つけるためです。

研究の新領域、すなわち過去の研究で未だ解明されていないことは、**緒言**の目的の前に論述するケースがあります。その内容から自分でどんな研究ができるかを考えると、様々なアイディアが浮びま

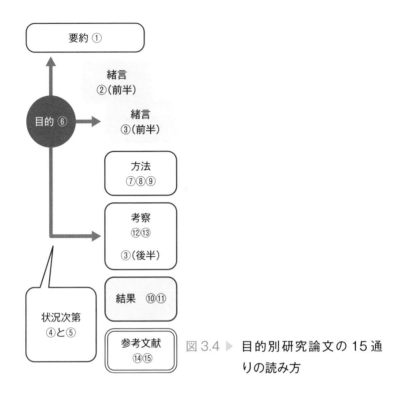

図 3.4 ▶ 目的別研究論文の 15 通りの読み方

す。また、**考察**の終盤で、研究の限界点と解明不足の内容を見つけることも可能です。著者によっては「今後の展望」という将来に必要な研究内容を考察の終盤に書くため、それを自身の研究内容にできます。

　そのため、**自身の研究内容を見つけるための読み方は、闇雲に読み漁るのではなく、読む場所を取捨選択して読むことが重要**です。

④　研究論文の構成

　研究論文を執筆する際は、文章構成がわからないことがあります。研究論文の執筆が初めてであれば、当然かもしれません。理解を深めたい箇所から読み始めるのが効率的です。

⑤ 使えるフレーズ

優秀な著者のフレーズを真似することは問題にはなりません（ただし、長い文章を単純にコピーするのは盗作です）。例えば、文章と文章をつなぐときにどのような言葉でつなぐべきなのかわからない状況を想定します。3 つの項目を論述するときに、First、…Second、…Third、…とつなぐフレーズは論文を読むことで学べます。

例えば、「研究の目的は…を検討することであった」と執筆するときに、多くの論文で見受けられますが、The purpose of the study was to examine…となり、これはそっくりそのまま真似しても盗作にならないフレーズです。

⑥ 研究の目的

研究の目的は、**要約**の 1 または 2 行目、**緒言**の終盤または終盤から 2 番目の段落、**考察**の序盤の段落から確認できることが多いです。**考察**のまとめでも短く述べる著者もいるため、**考察**の終盤の段落でも同様の情報を見つけられることがあります。

⑦ 研究デザイン

方法の手続き（Procedure）で実験内容を説明しています。過去の先行研究が自身の研究デザインの参考になることが多いです。

⑧ 被験者の数

研究デザインに関する質問で「研究の被験者は何人いないとダメか」という質問をよく聞きます。最近の研究では、必要な被験者数を G-power を利用して計算することも求められたりします。

しかし、どう過去の研究（できるだけ新しい研究から）は被験者の数を決めたか、また何人が実験の被験者（Participants）だったか、**方法**を読むことで必要な被験者数の情報を得られます。

⑨　統計処理の手法

　方法の終盤にある統計処理（Data Analysis）から、どのような統計処理をするべきなのかの理解が深まります。

⑩　表や図の作成方法

　結果の欄から、表や図の作成方法がわかります。具体的に、表（Table）のタイトルは上で、図（Figure）のタイトルは下などの複雑な点が多いです。また、自身の研究と同様の統計手法（t 検定、相関分析、分散分析など）で得られた結果がどのように表現されているかもわかります。

⑪　統計処理の結果の書き方

　結果の欄から統計処理の結果の執筆方法がわかります。例えば、平均値（M；mean）や標準偏差（SD；Standard Deviation）という基本的な研究データの書き方から、有意差（p-value）や効果量（d；effect size）などの統計的データの書き方を**結果**から探せます。

⑫　他の研究結果の解釈

　研究結果をどう解釈するかは、研究者の立派な仕事です。研究結果の解釈は、研究者のレベルが大きく問われる内容で、それは**考察**の欄から確認できます。そのため、研究の結果とその意味を知るために**考察**の序盤や中盤を読みます。

⑬　自身の研究結果の解釈

　「研究内容が見つからない」と同じように多く聞くのは「結果が解釈できない」です。すなわち、結果がどのような意味を持っているのか理解できないことです。

　英文校閲の仕事では、結果を繰り返し考察に含む論文をみかけることがあります。特に、準備不足で何となく始めた研究は、結果は出たけれども意味がわからない、すなわち解釈できない問題に陥り

ます。私は、卒業論文と日本の修士論文がその状態でした。

このような場合は**考察**の欄から、似たような研究をしている他の研究者がどう解釈しているのかを確認するのがお勧めです。そこから多くの研究論文に目を通すことができ、自身の研究にも合致する解釈を見つけられます。他の研究データと自分の研究データを照らし合わせながら研究結果の解釈を増やすことで、結果の理解につながります。

⑭ 使用されている研究論文

どの研究論文が使用されているかは、文中からも確認できます。また、研究論文の終盤にある**参考文献**（References）では、すべての論文を見つけることができます。

⑮ 文献の整え方

論文を学術誌に掲載するためには、参考文献を指定されたフォーマットに整えることが必須条件です。例えば、APA フォーマットが要求された際は、APA フォーマットで整えられている論文を参考にできます。著者が間違えていない限り、同様に参考文献を整えれば間違えることはありません。もちろん、APA のサイトから正確に整えることも可能ですが、よい研究論文の参考文献の欄は、掲載前にエディターが校正しているため、多くの場合が正確です。

なお、フォーマットは複数年で引用方法が変更されることがあるため、その際は新しい論文を参考にしてください。

3.5 投稿先の体裁の比較

学術誌によって規定のフォーマットや文字数に規定があるなど、論文執筆前に知っておくことで書き直す手間がなくなります。

投稿先の体裁に合わせるための確認項目

（1）参考文献の整え方

（2）参考文献の引用方法

（3）文字数の制限

（4）表や図の数や色

（5）セクションの作り方（結論の有無）

（6）タイトルページの作り方

（7）引用ができる論文の種類

（8）カバーレター

（1）参考文献の整え方

　APA、MLA、Chicago など学術誌によって指定のフォーマットが異なります。そのため、著者の情報、年号の位置や、ページ数の表記方法などが異なります。例えば、APA フォーマットで整えた後、投稿前に他のフォーマットへ修正することは引用論文が多ければ多いほど大変です。

（2）参考文献の引用方法

　参考文献の整え方と同様です。文献を引用する際に投稿先によっては、Iwatsuki（2022）と表記することや、著者名を書かず引用した研究の後に番号だけ、[1] と振るという場合もあります。すべての論文に番号を振る作業だけでも大変です。

（3）文字数の制限

　学術誌によって、抄録は 200 文字まで、また 300 文字までと異なります。本文も 5000 文字までという学術誌もあれば、7000 文字までなどがあるので最初に確認することをお勧めします。

（4）表や図の数や色

　研究の領域によっては、図表で表すことが必須で数が多くなる場合があります。しかし、文字数の制限と同様に表や図の制限もあります。また、図の色は、カラーの場合は有料や、白黒での作成を求める学術誌など様々です。

（5）セクションの作り方

　学術誌によって、方法に記載しないといけない小見出し（Subtitle）や緒言で概要（Literature Review）と本研究の内容（Current Study）など分けて書くことがあります。

　また、考察の終盤に結論があり、「結論」を1つのセクションとして執筆することを求められる場合もあります。

（6）タイトルページの作り方

　タイトルページは、提出を求める学術誌とそうでない学術誌があります。タイトルページには、利害関係（Conflict of interest）の情報、研究費の有無、著者の研究への役割などを含みます。

　著者の名前を隠すことで、研究論文を評価する査読者に研究論文の著者がわからないようにするプロセス（Blind peer-review process）を用いる学術誌は多いです。その際は、著者の情報をタイトルページに含まない、もしくは含むタイトルページと含まないものを別々に提出することがあります。

（7）引用ができる論文の種類

　学術誌によって、言語が英語の論文以外は引用不可、または論文を3つまでしか引用できないなど、英語以外の論文（日本語の論文など）の引用数の指定もあります。英語で執筆された論文のほとんどが日本語論文を引用して構成されている場合は、論文を評価する査読者に指摘されることもあります。また、学術誌の査読者の前に編集者から却下の場合もあります。

（8）カバーレター

　カバーレターの用意は、多くの学術誌で求められます。記載内容も異なるため必要な情報を調べることが大事です。カバーレターをワードで作成して PDF にして提出をする場合や、提出時にそこに書くなどの提出方法があります。

3.6　研究論文執筆のための環境づくりとマインドセット

　私が研究論文を書く際に意識しているのは、以下の内容です。研究論文の執筆と同様に効率よく仕事を進めることにも密接にかかわってきます。

（1）集中して執筆するための環境づくり

　できるだけ論文執筆に集中できる環境をつくることが大事です。

　私は論文執筆と睡眠は同じだと考えています。眠っている時に誰かに起こされたり、何かで何度も目が覚めてしまったりすると、寝た気にならないでしょう。また、もう一度眠ろうとしても眠るまで少し時間がかかってしまいます。同様のことが論文執筆にも起こります。

　例えば、論文執筆に集中している時に、連絡を確認すると、集中していた時のエネルギーがそこでなくなってしまいます。仮に 1 分だけチェックして仕事に戻ろうとしても、集中を取り戻すのに時間がかかってしまいます。さらに、よくあることとして、ふと気づけば SNS を見入ってしまい、時間を無駄にしてしまうことは珍しくありません。私は何度もその経験があります。

　他にもパソコンのブラウザが開いている、また Email に気を取られてしまってつい返信してしまう。明日に回せる作業を今すぐ片付けるなど計画的に仕事を進めるのではなく、反応的に仕事を進めると論文が効率よく書けないのでそれを避ける環境が大事です。

執筆環境 確認シート
（クリアしたらチェック欄に ✔ 印を入れる）

（1）集中する環境づくり

☐ ① 机に必要最低限の物しか置かない

☐ ② 使用しないコンピュータのブラウザは閉じる

☐ ③ 携帯の通知をオフにし、Email など他からの連絡も一切
　　確認しない

☐ ④ 誰にも話しかけられない場所で執筆する

（2）効率のいい時間配分

☐ ⑤ 執筆のため長いまとまった時間を確保する

☐ ⑥ 論文以外のことはやらない

☐ ⑦ 一気に書く（毎日やるなど）

☐ ⑧ 可能な限り午前中に執筆する

（3）効率のいいマインドセット

☐ ⑨ いつまでに執筆するかの期限を決める

☐ ⑩ 研究論文の各セクションを小さく分ける

☐ ⑪ 進捗状況を記録する

（2）効率よく執筆するための時間配分

　研究論文を書く作業は、15 分や 30 分など短い時間で進む作業ではありません。研究論文の執筆はじっくり考えることができる環境が必要不可欠です。

　研究論文の執筆は「論文脳」とでもいう状態になり集中するのに時間がかかります。そのため、短い時間しか取れない状況では、論文

執筆が全く進みません。せっかくアイディアが浮かんできて、そこで論文執筆をやめてしまうと、次に思い出すまでに時間がかかり、時間のロスになります。そのため、課題、Email チェック、論文執筆と分けるのではなく、論文に数時間連続で費やせる時間配分をします。1 つの事だけに集中することで、高い結果を出すことが可能です。

　最後に論文執筆をする時間帯は、自分が一番集中できる時間帯があればその時間帯でよいのですが、**論文執筆は創造性が必要な作業であるため、疲れている時は思ったように進みません。**そのため、**脳がフレッシュである午前中に執筆することをお勧めします。**

　研究論文を書くために朝 5 時に起きて、シャワー後にすぐに論文を執筆した時期があります。午前中は、他の仕事や作業を入れず Email も確認しませんでした。結果、2021 年にはインパクトファクターのある学術誌に研究論文が 7 本掲載され、朝の論文執筆の効果を体感した時期でもありました。

コラム　著者の集中するための環境づくりと段取り

　執筆する時は気が散らない環境をつくるのが最優先です。著者の場合、執筆だけでなく仕事をする際は、

必要最低限の物だけ置く

机にあるもの（必須）
・パソコン
・予定表と予定表立て
・ペン 1 本
・水

机に置くもの（随時）
・ガム
・使用する参考文献
・コーヒー

これに尽きます。さらに可能ならば、

＼＼ インターネット環境をなくす ／／

近年、人間の集中力は短くなっており、1日に携帯を使う回数が 250 回以上になることがあると言われています。また、SNS を意味もなく見てしまうことは珍しいことではなく、日常的な行為となっています。

この対策として荒療治になりますが、論文を書く際に、情報を調べる必要がある場合を除き、インターネットを遮断して集中力を高める環境を作ることが重要です。

先に述べたように、机の上を整理するなどの環境整備に加えて実際にインターネットを使用できない環境で論文に集中すると、驚くほどの成果が得られるかもしれません。私自身が試してよい結果を実感しているため、まだ試したことがない場合は、ぜひ一度試してみることをお勧めします。

最後に、仕事の段取りを考える時には

＼＼ To Do リスト＋時間設定を！ ／／

To Do リストをより効果的にする方法は、リストを作成した後、何時に実施するのかを時間軸で決めることです。リストだけでは、行動に移すことが難しい場合がありますが、「**To Do リスト＋時間設定**」をして、**実施時間が具体的に決まっていると行動に移るモチベーション**が高まります。リストを作成したにもかかわらず行動に移れない場合は、時間の要素を必ず加えてみてください（☛ ご参考として、巻末に「研究論文ガイド」QR コードあり）。

（3）効率よく執筆するためのマインドセット

期限を決めることは必要不可欠です。**いつまでに論文を執筆するかを決めないといつまで経っても論文は完成しません**。そのため、「今週の金曜日までに書き切る」、「今月まで」と期限を決める必要があります。

卒業論文や修士論文は、課題の提出時間を指導教官が設けたり、学校が期限を設けており、プレッシャーがかかります。

しかし、論文をジャーナルに提出する際は、明確な締切りがないため、なかなか論文が書けずに時間だけが過ぎることも珍しくはありません。

パーキンソンの法則に対抗するには、できるだけ自分にプレッシャーがかかる期限を前倒しで設けたり、執筆の到達目標を項目単位などに細分化したりすることで、小さな達成感を積み重ねれば、やる気も生産性も上がり、結果実績増につながります。

目標を分けずに考えると論文執筆の完成があまりにも遠く感じ、進んでいる感覚が得られず、結果やる気も上がらず論文が全然進まない悪循環に陥ってしまうのです。

パーキンソンの法則とやる気 up 法

パーキンソンの法則とは「仕事の量は、自分が決めた時間をすべて満たすまで膨張する」という考え方です。わかりやすいように「残業」を例に挙げてみましょう。

人は「残業する」と思っていると、それより早く終われる仕事でも、結局残業時間に突入してそこで終了時間になり終わる、ということはよくあります。

パーキンソンの法則を克服するためには、大きな目標に対する締め切りでなく、小さなすぐに到達できそうな目標と締め切りを前倒しで設定して、やる気を up させましょう。

　具体的には、以下の2点を実践してください。

　①　論文を書く前にあらゆる項目に分けて小目標を設定（→例：1ヶ月で論文を書き切ると決めた場合、各項目の執筆にそれぞれ何日費やせるか逆算して細かい計画を立てる）

　②　進捗状況を可視化する（→実施状況を記録すれば、少しでも「進んでいる」という実感がやる気につながり、論文を進めることに役に立ちます）

　この「進んでいる」感覚は、ドーパミンの分泌を助けるので、やる気につながるのです。

3.7　研究論文を超効率よく執筆するための順番

　研究論文を投稿論文と同じ順番で書き始めると、以下の図の左側の順番になります。

　私は、以前研究論文をこの順番で書いていましたが、博士課程在籍中に書く順番を変更したことで、以降は執筆のスピードが増し、効率よく書き上げることができました。変更後の順番は図の右側です。

事前準備：IRB に申請

　研究論文をどの部分から書き始めるかは、人それぞれ違うでしょう。ただしアメリカの場合は、データを取り始める前に IRB（研究倫理委員会）に対して、何のデータを収集するのか、その安全性はどうか、どう分析するのかなど研究の概要と目的をまとめて事前に申請し、許可を得ることが必要になります。IRB からデータ取得の

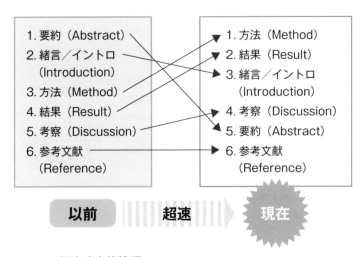

図 3.7 ▶ 超速論文執筆順

許可が出て、初めて研究データを取ることができるのです。

　そのため、図 3.7 の右側で論文の執筆順のトップに「方法」が来たのは、この IRB の申請の影響です。事前に研究の概要や目的、データの収集法と分析法まで決めた後なので、方法に書くべき内容はすでに整理されており、書きやすくなっています。

　また、申請時点でデータ分析法までの段取りを決めているので、すぐに実際のデータの分析まで完了させた後、「方法」から執筆を開始することも可能です。

最初は「方法」から執筆

　私の以前の執筆方法では、方法の前に「要約」と「緒言」を先に執筆していました。しかし、要約は本文全体の中で重要な箇所を吟味して執筆するものなので、要約や緒言から書き始めるとタイムロスが起こってしまうのです。

　このため、**英語論文においては、「方法」から執筆を始めましょう**。他と比べて執筆が 1 番しやすいはずです。緒言や考察は研究

者のレベルが試され、研究者により内容が異なりますが、方法は変わらないからです。

2番目は「結果」

次に「結果」を書く理由は、「方法」と密接に関係しているためです。前述したように、方法を含め結果も研究者のレベルで大きく内容が変わる箇所ではありません。

また、**結果と方法を見比べるのも大事**です。結果で紹介する分析項目の順は、方法の分析項目の順番と同じになることが望ましいです。つまり、方法が正確に執筆されている論文は、その内容から結果の構成がわかります。

3番目は「緒言」、4番目「考察」

研究者のレベルがそのまま表れる章は、緒言と考察です。指導教官の緒言と考察は、ストーリーの作り方、使う引用文献の種類や数と、なぜこの引用文献を使うべきなのか、ということが明確にわかる情報で構成されていました。また、先行研究を参考に書ける方法と結果に対して、緒言と考察は、同様の手続きが難しく、研究者の実力が問われる章になります。

この「緒言」を3つ目に書く理由は、方法と結果が完成していれば、「なぜこの研究がされるべきだったのか」というストーリーが明確なことが多いためです。**すでに方法と結果の筋がハッキリしていれば、自ずとどう文章を構成し、どの文献を引用するべきかも決まってきます。**

また、そもそも研究を始めたきっかけというのは、研究前に抱いたふとした疑問——なぜかわからないがこの研究が大事なのではないかといったもの——から研究が開始されたことも多いのではないかと思います。そのため、**「なぜこの研究が行われたのか・必要だったのか」の緒言**のほうが、**「なぜこの結果が出たか」の考察**より執筆しやすい傾向があります。

　前述の**3つの章を書いた後に、「考察」を執筆します**。考察の書き方は、詳細は後述しますが、簡単に言えば、ここは結果を考察・解釈する内容になります。ですので、すべての情報が揃った後のほうが、「考察」は断然書きやすくなります。

　私は、考察の執筆後、再度緒言と考察を丁寧に確認し直します。

▍5番目は「要約」、6番目「参考文献」

　最後は、要約と参考文献の執筆で論文の完成です。すべての情報が出揃ったところで、論文の大事な箇所をまとめたものが要約です。緒言から考察まですべての項目から1、2行の内容を反映していくことで、要約は比較的簡単に完成します。何もない状態で要約を書き始めると筆がなかなか進みません。

　学会発表で抄録を書く必要がある場合、論文を提出することはほとんどないので、**抄録と本文が異なっても問題はありません**。しかし、最初に要約を執筆して本文を書き始めると、要約を最後に修正する可能性が高くなります。そのため、私は**要約を最後に執筆します**。

　要約は、論文を提出すると、編集者が1番最初に読みます。**研究論文の印象は要約で決まるため、意識してよい要約を執筆することが重要**です。そして、参考文献を投稿先のルールに基づいて記載すれば研究論文の完成です。

　次の4~8章では、方法、結果、緒言、考察、要約と参考文献の各項目の執筆方法を詳しく解説します。

ファーストドラフトによる修業時代の話

　私はアメリカの博士課程時、指導教官の研究補助（Research Assistant）でした。その仕事の1つは、研究論文のファーストドラフトの執筆です。博士課程の1年目の論文は、「方法」や「結果」の箇所を含め、あらゆる変更・修正が必要で、研究者としてのレベルの違いをまざまざと痛感したものです。

　しかし、3年も経つ頃には、方法や結果なら修正点はほとんどないくらいになるまで書き慣れました。

　ファーストドラフトの執筆内容は、比較的決まっているため、先行研究を参考にして執筆するのが可能でした。その結果、指導教官が満足するレベルの「方法」と「結果」の執筆が可能となり、自分でも自信がつきました。

コラム

IRB の在り方

　研究のデータ取得を行う前に、IRB（倫理委員会）の承認を得る必要があります。IRBは、研究が人間の被験者にかかわる場合に、倫理的に適切であることを確認します。IRBは、被験者のプライバシーや自己決定権を守り、研究のリスクを最小限に抑えるために必要な手続きを確認します。また、IRBは、研究計画やプロトコルの科学的な妥当性を審査します。アメリカも日本も審査がありますが、まだ日本は医学など一部の領域を除いて緩いように感じます。

　アメリカでは、大学生が研究を行うこともありますが、この倫理審査は非常に厳しいため、指導教授が代表となって提出す

ることは珍しくありません。私自身も、博士号を取得した後の初めての職場であるペンシルベニア州立大学に所属していた際に、書類の提出に際して新しい情報を追加する必要があり、苦労した経験があります。

　しかし、日本の卒業論文の状況を聞くと、知らないうちに大学生が教員の許可のみで勝手に質問紙のデータを収集し、それを卒業論文として提出していると聞くことがあります。また、修士論文のデータ収集に関しても学生が自ら行っていると聞くと、差異を感じます。今後は日本もアメリカのようにすべての大学生も倫理委員会に書類を提出して許可されない限りデータ収集ができないように変わるでしょう。

研究論文をどこまで小さく分けるか？

研究論文が進まない原因の1つとして、目標を小さく分けないことが考えられます。例えば、論文全体を書き上げることを目標にしてしまうと、抄録、緒言、方法、結果、考察、必要に応じて結論やまとめ、参考文献など多くの項目を書かねばならず、先の見通しが立たなくなり、かつ、目標が大きすぎるため、達成することが遠く感じ、億劫になってなかなか書き始めるに至らないこともよくあります。

しかし、目標を分割して小分けにすれば、書き始めるハードルも下がります。実際に、論文をゼロから1本書き上げるのは大きすぎる目標ですが、例えば、まず緒言だけ書くと考えましょう。

慣れていない場合、緒言を書き上げることは容易ではありません。そこで、本書でお勧めするように5つの段落に分けて書くこととします。

例えば、今日は緒言の1段落だけ書くというように、目標を分割して段階的にアプローチしていくことが大切です。そうすれば、目標が達成しやすくなります。幾つのも目標を達成できるこの段階的なアプローチは、やる気の継続を助け、進捗状況も確認できるためお勧めです。

例えば、研究論文の要素を次の22項目に分けてみましょう。

研究論文の種類や内容によって次ページの項目は変わりますが、このように目標を小さく分けることで、例えば「今日は1つ達成する」、「今週中に5つ達成する」、「緒言を終わらせる」など、比較的すぐに達成しやすい内容に変わります。これにより、自然と論文執筆が進んでいくのです。

1.　抄録　前半（背景、緒言、方法）	12.　方法　データ分析
2.　抄録　後半（結果、考察、結論）	13.　結果　1
3.　緒言　1段落	14.　結果　2
4.　緒言　2段落	15.　結果　3
5.　緒言　3段落	16.　考察　1段落
6.　緒言　4段落	17.　考察　2段落
7.　緒言　5段落	18.　考察　3段落
8.　方法　被験者	19.　考察　4段落
9.　方法　実験器具と課題	20.　考察　5段落
10.　方法　手続き1	21.　参考文献 前半（A～K）
11.　方法　手続き2	22.　参考文献 後半（L～Z）

　現在私は、この**分割達成法**を、論文執筆だけではなく、この書籍の執筆や大学の仕事、授業の用意、YouTube 動画の作成、留学サポートといったすべての仕事に活かしています。

実践編

第 4 章　方　法

第 5 章　結　果

第 6 章　緒言／イントロ

第 7 章　考　察

第 8 章　抄録・参考文献

第 9 章　投稿に関する注意

第10章　査読後

第4章 方 法

4.1 方法を書く際の7つのルール

　方法の執筆は、規定や要件などが定められています。例えば、卒業論文、修士論文、博士論文などは、大学によって規定や要件が異なり、執筆方法や内容も異なります。そのため、文献のまとめ（Literature Review）セクションを最初に記載する必要があるかどうか、緒言（Introduction）の長さはどれくらい必要なのかなども投稿先で変わります。

　方法を執筆する際には、以下の内容が含まれているかを確認することがお勧めです。これらの点に留意することで、査読者にとって満足のいく論文に近づき、学術誌に掲載される確率を高めることができます。

方法を書く際に気をつける7つの項目
（1）再現性の確保
（2）各セクションの構成
（3）被験者の情報
（4）実験等で使用した器具の説明
（5）評価する結果の情報
（6）手続き（介入）
（7）データ分析の説明

（1）再現性の確保

　方法の執筆においては、再現性が最も重要な要素であることを忘れてはなりません。他の研究者が論文中で記載された方法を理解し、同様の研究を行えるかどうかが再現性の確保に直結するからです。以下の６つの項目はすべて再現性において密接にかかわっており、これらの詳細な説明を行うことで、他の研究者が同様の研究を行うための道しるべとなります。

（2）各セクションの構成

　以下の構成が実験系でよく見受けられます。

例 1

1. Participants（被験者）
2. Apparatus and Task（実験器具と課題）
3. Procedure（手続き）
4. Data Analysis（データ分析）

例 2

1. Participants（被験者）
2. Apparatus and Task（実験器具と課題）
3. Procedure（手続き）
4. Dependent Variables（従属変数）
5. Data Analysis（データ分析）

例 3

1. Participants（被験者）
2. Instruments/Instrumentations（質問紙）
3. Procedure（手続き）
4. Data Analysis（データ分析）

例4

1. Participants（被験者）
2. Setup（セットアップ）
3. Task and Conditions（課題と群）
4. Procedure（手続き）
5. Data Analysis（データ分析）

　例えば、以下のように表記されていることもありますが、基本的には同様です。

- Participants　→　Subjects（被験者）
- Apparatus and Task　→　Setup（セットアップ）
- Procedure　→　Experimental Procedure（実験手続き）や Design（研究デザイン）
- Instrument　→　Measurements（評価指標）
- Data Analysis　→　Statistical Analysis（統計分析）

　質問紙を用いた研究では、論文には「使用した研究ツール」や「質問紙」の説明が含まれます。また、「実験装置（Apparatus）」と「実験課題（Task）」が複数の項目に分割された複雑なデータ収集方法を使用する場合もあります。**わかりやすく伝えるためには、どの順序で説明するかがとても重要です**。データ収集方法が非常に複雑である場合は、手順を説明する前に、使用された器具や質問紙などを説明することが適切な場合があります。

（3）被験者の情報

　研究の内容や目的によって被験者の特徴を説明する情報は異なりますが、主に以下の項目があります。

- 性別（sex、gender）
- 年齢（age）
- 学年（years in school or university）
- 出身地（ethnicity）
- 居住場所（living location）
- 人種（race）
- 過去の経験（previous experience）
- 言語能力（language proficiency）
- 健康状態（health status）
- 社会経済レベル（socioeconomic status）
- 身長や体重（height or weight）
- 文化的背景（cultural background）
- 競技スポーツ（types of sport）

　近年では、被験者数を決める手続き（サンプルサイズの設定）について説明することが望ましい場合が増えてきています。高い影響力を持つ学術誌では、**G-power**（サンプルサイズ計算ソフト）などのツールを用いて必要な被験者数を収集しているかどうかを計算することが求められます。

　また、このセクションでは、**被験者から研究の同意を得たか、または大学や研究機関の倫理委員会から承認を得ているか**を含めて執筆することが推奨されます。

（4）実験等で使用した器具の説明

　実験等で使用した器具について、再現性を重視して正確に再現性を重視して正確に記載します。会社名を含めた器具の情報や、使用する際の設定方法などについても詳しく説明する必要があります。

（5）評価する結果の情報

　研究で評価する質問紙やインタビュー、実験の結果を、どのように評価するかを記載します。先行研究から得られた信頼性や妥当性などの情報も参考にて、使用した尺度や変更点などの詳細を説明します。

（6）手続き（介入）

　研究の手続きについて、データ収集前から収集後までの状況を順番に記載します。被験者への説明内容、課題の順序、実験群とコントロール群の比較条件など、手続きに関連する内容を詳しく説明します。このセクションに関しては、投稿する専門分野の論文を参考にすることを推奨します。

（7）データ分析の説明

　研究で使用したすべての統計処理について、どの値を用いて平均値や標準偏差を出したか、またどのような統計処理を行ったかを説明します。t 検定、一要因分散分析、二要因分散分析、相関分析、重回帰分析など、研究で使用した統計処理を順番に述べます。

4.2　方法で使える言い回し

　以下は、被験者、手続き、データ分析など方法で執筆する内容です。実際にインパクトファクターのある比較的レベルの高い学術誌に掲載された文章を使って紹介します。

被験者（Participants）：

　研究内容によっては、記載すべき被験者の情報が異なります。例えば、被験者の年齢の情報のみが必要な場合、身長や体重などの情

報を加える場合や、実験群とコントロール群に分ける場合もあります。研究目的や仮説に応じて、必要な情報を適切に収集する必要があります。

記述例

1. Thirty-two undergraduate students（22 men, 10 women）between 18 and 40 years old participated in this experiment.

2. Participants were 16 college students（11 females, 5 males）with an average age of 22.75 years（*SD*＝2.35）. Their average weight was 70.67±12.62 kg, and average height was 168.86±7.09 cm.

3. Thirty-four university students（14 males and 20 females；7 males and 10 females in the choice and control groups correspondingly）, with a mean age of 19.15±1.05 years（choice：19.12±1.05 years；control：19.18±1.07 years）, were recruited from an introductory kinesiology course in exchange for course credit to participate in this study.

4. Thirty-two university students volunteered to participate in this study. Their mean age was 22.59±2.46 years（choice group：22.94±2.69 years；control group：22.25±2.24 years）Mean height was 171.10±11.01 cm（choice group：170.27±10.29 cm；control group：171.92±11.97 cm）, and the average weight was 68.18±15.48 kg（choice group：71.43±17.33 kg；control group：66.94±13.57 kg）. All participants（16 male, 16 female）had low risk for exercise-related complications（e.g., cardiovascular, pulmonary, metabolic）, as determined by the American College of Sports Medicine Risk Stratification Screening Questionnaire.

5. Forty-eight children（all boys）participated in this study. Participants were randomly assigned to one of the four groups：DS, RES, ES, and CON groups. Participants averaged

10.77（SD＝0.77）years of age（DS group：M＝10.75, SD＝0.75 years；RES group：M＝10.66, SD＝0.77 years；ES group：M ＝10.83, SD＝0.83 years；and CON group：M＝10.82, SD＝0.83 years）and were recruited from an elementary school physical education class.

実験の本当の目的を被験者が知らないことを記述する例

心理学や健康科学の実験において、コントロール群と実験群（プラシーボ）を比較する際には、**被験者に研究の本来の目的を伝えることで、実験結果に疑い（バイアス）が出てしまう**ことがあるため、次のような文言を使用することがあります。

記述例

1. Participants were not aware of the specific purpose of the study；they were simply informed that their throwing accuracy would be assessed.
2. Participants were naïve as to the purpose of the study. They were informed that their fitness level would be assessed.
3. Participants were not aware of the specific purpose of the study.

倫理委員会の許可が降りたことを伝える例

最近の研究では、**倫理委員会の承認を得ていない研究は、掲載されない学術誌が多い**です。特に、高いインパクトファクターの学術誌は、倫理的に問題のない研究でなければ査読対象とならないことがほとんどです。

記述例

1. The university's institutional review board approved the study.
2. The study was approved by the university's institutional review

board.

3. The Urmia University's intuitional review board approved this study.

被験者に研究の承諾を得たと記述する例

　人間を対象とする場合は、研究に参加する被験者からの承諾（インフォームドコンセント）を得る必要があります。18歳未満の被験者（高校生まで）の場合は、被験者自身とその保護者の両方からの承諾が必要であり、この手続きが行われていない場合、投稿ができない学術雑誌もあります。

記述例

1. Written informed consent was obtained from all participants before beginning the experiment.

2. Participants signed an informed consent form prior to the start of the experiment.

3. Prior to the experiment, all participants gave written informed consent.

手続き（Procedure）：被験者を幾つかの群に分けたことを記述する例

　実験において介入がある場合は、その群について詳細に記述する必要があります。

記述例

1. Participants were randomly assigned to either the positive self-talk or negative self-talk group.

2. Participants were randomly assigned to one of the four groups：DS, RES, ES, and CON groups. Prior to the practice phase, participants in the DS group were informed that hitting

nine or higher is considered a successful trial. Participants in the RES group were informed that hitting six or higher is considered a successful trial. Participants in the ES group were informed that hitting three or higher is considered a successful trial. The CON group received no success criteria, and the participants simply performed the task.

3. Participants were randomly assigned to one of two groups, the constant or variable practice group. Variable group participants threw from all three distances (4, 5, and 6 m) during practice. The order of distances was pre-determined and quasi-random, with the constraint that each distance occurred 20 times. Constant group participants were divided into three subgroups, and each subgroup threw from one of the distances (4 m, 5 m, or 6 m) for a total of 60 practice trials.

4. Quasi randomization (gender, VO2 max) was used to assign them to one of the two groups, the choice and control groups. Prior to the run, participants in the choice group were asked to choose 5 of 10 photos shown to them on a computer screen. They were informed that they would be able to see those photos during their run on a monitor placed in front of the treadmill. Control group participants were shown the same 10 photos but were then informed which 5 of those photos they would be seeing during their run, as well as the order in which they would see them. Each participant in the control group was yoked to a participant in the choice group (in terms of the photos and their order), unbeknownst to them.

質問紙を使って何かを評価したことを記述する例

以前の研究で作成された質問紙を使用した場合は、年号や作成し

た研究者の論文を引用します。信頼性や妥当性も、査読者によって
は執筆者がそれらについて記載することを要求する場合もあります。

記述例

1. Participants filled out the perceived choice sub-scale of the
   IMI (Ryan, 1982). It consisted of 8 statements (e.g., I believe I
   had some choice regarding this activity) that were rated on a
   7-point Likert scale with response options ranging from 1 (not
   at all true) to 7 (very true).

2. The Self-Assessment Manikin (Bradley & Lang, 1994) was
   used to assess participants' affective state. The scale consisted
   of nine faces with different degrees of smiling, neutral, and
   frowning expressions (from left to right). Numbers were
   placed under each face and equidistant between faces,
   resulting in a 9-point rating scale. Before the pretest, at the
   end of practice, and before the retention test, participants were
   asked to indicate which number best reflected their current
   mood, with lower numbers representing more positive affect.

3. Participants were also asked to rate their perceived exertion
   every 2 minutes, using Borg's (1982) 20-point rating of
   perceived exertion (RPE) scale.

4. The *Movement Specific Reinvestment Scale* (*MSRS*;
   Masters, Eves, & Maxwell, 2005) is a 10-item questionnaire
   that consists of two independent factors : conscious motor
   processing and movement self-consciousness. Participants
   completed the 10 items with reference to how they move in
   their sport on 6-point Likert scales with response options
   ranging from 1 (*strongly disagree*) to 6 (*strongly agree*).

5. The Reflective Learning Continuum (RLC, Peltier et al., 2006) is
   a 5-item scale that was used to assess reflection on thoughts
   and behaviors. Participants completed the items using 5-point

　　　Likert scales with response options ranging from 1 (strongly agree) to 5 (strongly disagree). Low scores on the RLC indicate a high level of reflection skills. For the sake of clarity, RLC scores were reversed for analysis. Therefor, high scores on this subscale mean a high level of reflection skills.

6. Subscales for planning (9 items), self-monitoring (5 items), effort (10 items), and self-efficacy (10 items) were adapted from the work of Hong and O'Neil Jr. (2001). Participants completed a total of 34 items using 4-point Likert scales with response options ranging from 1 (almost never) to 4 (almost always).

データ分析 (Data Analysis)：t 検定 (t-test) を使用時の記述法

　　t 検定は、２つの平均値が統計的に差があるかどうかを検討するために用いられます。通常は、２つのグループの平均値の差を比較するために使用されます。p 値が検定統計量として使用され、p 値が有意水準以下であれば、２つのグループの平均値の差は統計的に有意であると考えられます。

　　また、最近の研究では、特にインパクトファクターの高い学術雑誌に論文を投稿する場合、効果量 (*d*：effect size) に関する情報が必要とされることがよくあります。

記述例

1. To examine the difference between the choice and control groups with regard to perceived choice, a t-test was used. Cohen's d for t-test was calculated for independent groups. The evaluation of Cohen's d corresponded to a low ($d=0.2$), medium ($d=0.5$), and large ($d=0.8$) effect (Cohen, 1988).

2. The score of perceived competence was compared between

the enhanced expectancy group and control group using a t-test. The Cohen's $d \leq 0.02$ was considered as a small effect size, while the Cohen's $d \leq 0.05$ and ≥ 0.08 were considered as moderate and large effect sizes, respectively.

一要因分散分析（One-way ANOVA；A univariate analysis of variance）を使用時の記述法

　一要因分散分析は、1つの因子による効果を調べるための統計手法です。例えば、3つの異なる薬剤の効果を比較するために用いられます。分散分析表を用いて、因子の効果を検討し、F値が有意水準以下であれば、因子の効果が統計的に有意であるとされます。

　記述例

1. The rating of perceived competence was compared among the three groups. We analyzed group differences on perceived competence self-report instrument with one way ANOVA.

2. A univariate analysis of variance was used to analyze the pretest data among the four groups（DS, RES, ES, CON）.

二要因分散分析（Two-way ANOVA）を使用時の記述法

　二要因分散分析は、2つの要因が効果を与えるかどうかを調べる統計手法です。例えば、異なる薬剤と異なる病気の組み合わせによる効果を比較するために用いられます。分散分析表を用いて、各要因の効果を検討し、F値が有意水準以下であれば、要因の効果が統計的に有意であるとされます。

　記述例

1. Heart rate（HR）and VO_2 data were averaged across 5-minute intervals. HR and VO2 data were each analyzed in 2（group：choice, control）×4（time：1-5 minutes, 6-10 minutes, 11-

15 minutes, 16-20 minutes) repeated-measure analysis of variance (ANOVA).

2. For the practice phase, scores were averaged across six trials and analyzed in a 3 Group×3 Block ANOVA with repeated measures on the last factor.

3. A univariate analysis of variance (ANOVA) was used to analyze the pre-test data. A 4 (Groups：DS, RES, ES, CON) ×5 (Blocks of 12 trials) ANOVA with repeated measures on the last factor was used to analyze the throwing accuracy data for the practice phase. The univariate ANOVAs were also used to analyze the retention and transfer test. Any violation of the assumption of sphericity was corrected with the Greenhouse-Geisser procedure. The alpha level was set to $\leq .05$, and a partial eta squared (η^2_p) measure was used to determine effect size.

三要因分散分析（Three-way ANOVA）を使用時の記述法

　三要因分散分析は、3つの要因が効果を与えるかどうかを調べる**統計手法**です。異なる薬剤、病気、治療法の組み合わせなどによる効果を比較するために用いられます。分散分析表を用いて、各要因の効果を検討し、F値が有意水準以下であれば、要因の効果が統計的に有意であるとされます。

記述例

1. EMG data were analyzed in 2 (condition：choice vs. control) ×3 (target torque：80%, 50%, 20% of MVC) ×3 (trials) analyses of variance (ANOVAs) with the repeated measures on all factors. Mauchly's test was utilized to assess the sphericity assumption. If the assumption was violated, the Greenhouse-Geisser epsilon values were used to adjust the degrees of

freedom.

2. Maximum forces were analyzed in a 2 (group：choice vs. contro)×2 (hand：dominant vs. non-dominant)×4 (trials) analysis of variance with the repeated measures on the last two factors. Mauchly's test was utilized to assess the sphericity assumption, and it showed that the assumption was violated. Therefore, Greenhouse-Geisser epsilon values were used to adjust the degrees of freedom. Bonferroni corrections were performed for all adjustments and pairwise post hoc tests.

相関分析（Correlation）を使用時の記述法

　相関分析は、2つの変数間の関係を調べるための統計手法です。2つの変数の値を取得し、散布図を作成して、変数間の相関係数を計算します。相関係数は、−1から1の値を取り、正の相関、負の相関、または相関がないことを示します。

記述例

1. Pearson correlations were used to examine the relations among the two MSRS factors (i.e., conscious motor processing and movement self-consciousness) and six self-regulation factors (planning, self-monitoring, effort, self-efficacy, reflection, and evaluation).

2. A Pearson correlation was conducted to examine if there was a relationship between health status and the amount of exercise competed per week.

重回帰分析（Regression Analysis）を使用時の記述法

　重回帰分析は、複数の説明変数を用いて目的変数を予測するため

の統計手法です。例えば、ある疾患の治療効果を予測する場合に、患者の年齢、性別、治療期間、薬剤の種類などを説明変数として用いることができます。この場合、回帰係数を求めることで、それぞれの説明変数が治療効果に与える影響を評価することができます。この手法により、治療効果に影響を与える要因を特定することができます。

　説明変数と目的変数の関係を可視化することもでき、結果をもとに、より正確な予測を行うことで、目的変数（疾患の治療効果）に影響を与える要因を特定することができます。

記述例

1. Simple linear regression analyses were conducted to determine whether self-efficacy after the practice phase (Day 1) or before the retention and transfer tests (Day 2) was a significant predictor of learning.

統計処理ソフトウェアを使用した際の記述法

　統計処理は、行った統計解析ソフトウェアを記述することで、どのようにデータが分析されたかが明解になります。心理学でよく用いられる統計解析ソフトウェアには、Statistical Package for the Social Sciences (SPSS) などがあります。他にもRやStata、JMP などあらゆる分野でさまざまなソフトウェアが使用されています。

記述例

1. All analyses were performed using the Statistical Package for the Social Sciences (IBM Statistics 29.0 ; SPSS Inc., Chicago, IL).

2. We used the Statistical Package for the Social Sciences (IMB Statistics 29.0 ; SPSS Inc.) to perform all analyses.

3. A customized MATLAB (MathWorks Inc., Natick, MA, USA) program was utilized to extract raw EMG data.

日本国内で大学教員に就職したい場合に取り組むこと

　YouTube のコメント欄で毎週寄せられる「どうやったら大学教員になれますか」という質問に対して、以下の 3 つのアプローチを推奨しています。

研究業績 UP

　研究業績の向上は大学教員になるために必要なことであり、これは周知の事実です。研究費の獲得、論文の執筆、学生への指導など、豊富な研究実績や経験を持つ教員は、学生にとっても価値があります。そのため、大学は常にこのような教員を採用したいと考えるでしょう。

教えられる授業数 UP

　単純に「指導歴が大事」と言う方もいますが、この表現は少し曖昧で、私はそれを好ましいアドバイスだとは思いません。**応募する大学で、学生が取る授業を幾つ教えることができるのか、どの知識はあるのか、ということを明確に伝える**ことが大事で、私であれば以下の授業を「教えた経験あり」または「教えられる」と回答するでしょう。

1. 運動学入門/Introduction to Kinesiology
2. 運動学的解剖学/Anatomical Kinesiology
3. スポーツ心理学/Sport Psychology
4. 応用スポーツ心理学/Applied Sport Psychology
5. 運動学習/Motor Learning
6. 運動制御/Motor Control/Neurophysiology of Movement
7. 運動発達/Motor Development
8. 研究方法論/Research Method

第 5 章　結　果

5.1　結果を書く際の 7 つのルール

　方法と同様に、結果の執筆も統一感のある構成が求められます。結果の執筆方法は大まかには決まっており、すべての研究者が同じように執筆する必要があります。以下に示すポイントを遵守することが、結果の執筆において重要です。

結果を書く際に気をつける 7 つのポイント

（1）データの概要を記述

（2）統計的分析を明確に記載

（3）図や表の使用

（4）データ分析（方法）の順番通りに執筆

（5）セクションを分ける

（6）データの繰り返しを避ける

（7）結果の解釈は考察にまかせる

（1）データの概要を記述

　研究の基本的な結果は、今後のメタ分析などに使用される可能性があるため、**詳しく記述する必要があります。**平均値（mean）や標準偏差（standard deviation）などの記述統計の数値を記載するだけでなく、外れ値（outlier）があったかどうかも含めて記述する必要があります。

（2）統計的分析を明確に記載

研究の結果を明確に示すためには、**使用した統計分析を説明する必要があります**。どのような分析手法を用いたか、統計的に有意な差異があったかどうかなど、詳細に記述する必要があります。p値（p value）だけでなく、効果量（d；effect size）についても正確に記述することが必要です。

（3）図や表の使用

研究の結果を視覚的かつ簡潔に示すためには、図（Figures）や表（Tables）を使用することが有効です。図表は複雑な情報を効果的に伝えることができ、長い文章を避けることができます。

（4）方法のデータ分析の順番で「結果」を執筆

方法を読むことで、結果のセクションがどのように構成されるかを読者が理解、また予想できることが重要です。そのため、**方法のデータ分析の順番に従って結果を載せる**ことで、読者にわかりやすい構成にすることができます。

（5）セクションを分ける

結果のセクションには、非常に長くなってしまうものもあります。多くの分析を行った場合、多くの結果を記述する必要があるためです。例えば、**複数の質問紙を使用した研究では、質問紙を1つずつ分けて記述する**ことを推奨します。

（6）データの繰り返しを避ける

情報がすでに図や表で示された場合、同じ結果を文章で繰り返して説明する必要はありません。また、研究目的に合わせて必要な結果だけを記述することも重要で、何を記述するかは研究者の判断に委ねられます。

（7）結果の解釈は考察にまかせる

結果は、単純に結果だけを記述します。結果の解釈を書くセクションは、考察です。結果の後に、結果の意味、なぜその結果が出たかを先行研究を用いて説明する文章もみかけます。**結果は短くシンプルに必要な情報だけを執筆し、結果の解釈は考察で行います。**

統計的有意差がない

質問　統計的な有意差がない場合でも、論文は掲載される可能性がありますか。有意差がないので、論文の投稿をやめようと思っています。

上記はよく学生や校閲希望者から質問されたり話を聞いたりします。有意差がない場合、論文は掲載されないのではと考える人も多いでしょう。私も恥ずかしい話ですが、同じように考えたことがあります。

しかし、今ならハッキリ言えます。**有意差がない結果でも、それは立派な研究**です。確かに実験結果に有意差がある方が新しい知見を見つける上で興味深い内容となります。しかし、有意差がない結果を解釈することは重要な知見となるのです。

また、倫理的な観点からも、研究で有意差がないために論文を書かないというのはどうなのか疑問です。研究結果をでっち上げたり、データを改竄することは許されません。有意差だけに囚われることなく、研究論文を執筆することは、研究者として非常に重要なことなのです。

5.2 統計処理の方法と言い回し

　この節では、t検定、一元配置分散分析、二元配置分散分析、三元配置分散分析、相関分析、重回帰分析に対応する論文執筆の例を紹介します。

t検定（t-test）を使用時の記述法

　研究内容によっては、記載すべき被験者の情報が異なります。例えば、被験者の年齢の情報のみが必要な場合、身長や体重などの情報を加える場合や、実験群とコントロール群に分ける場合もあります。研究目的や仮説に応じて、必要な情報を適切に収集する必要があります。

記述例

1. The choice group（$M=43.67\pm4.85$）had significantly higher ratings of perceived choice than the control group（$M=38.60\pm$

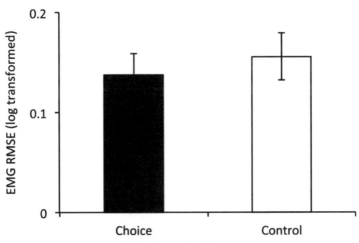

図 5.2-1 ▶ t検定記述例で使用したグラフ

6.41), p=.021, d=.892.

2. The enhanced expectancy group (M=4.65, SD=1.27) had significantly higher ratings of perceived competence than the control group (M=3.60, SD=1.41), p< .05, d=.782.

3. No difference was found between the experimental and control group (p< .05).

一要因分散分析（One-way ANOVA；A univariate analysis of variance）を使用時の記述法

記述例

1. The RES group (M=4.65, SD=1.27) had significantly higher self-ratings of perceived competence on the IMI than the DS group (M=3.48, SD=1.24), F (1, 28)=6.447, p<.05., η_p^2 =.522 (*Figure 3*).

2. There was no group difference on the pretest, F (3, 44)=0.81, p=.494, η_p^2=.05.

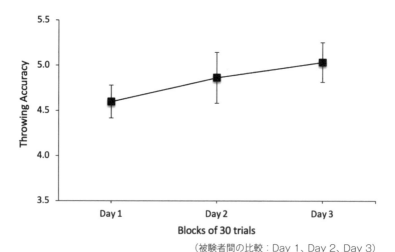

（被験者間の比較：Day 1、Day 2、Day 3）

図 5.2-2 ▶ 対応ありの一要因分散分析

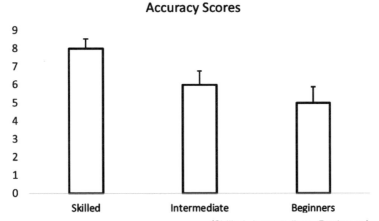

図 5.2-3 ▶ 対応なしの一要因分散分析

二要因分散分析（Two-way ANOVA）を使用時の記述法

記述例

1. Throughout the run, the choice group had lower *HR* than the control group (see Figure 2). The main effect of group was significant, $F(1, 30) = 6.821$, $p < .05$, $\eta_p^2 = .185$. As *HR* generally increased, the main effect of time was also significant, $F(1.37, 41.16) = 198.226$, $p < .001$, $\eta_p^2 = .869$. The interaction of group and time was not significant, $F(1.37, 41.16) = 1.492$, $p = .235$, $\eta_p^2 = .047$.

   As can be seen from Figure 3, the choice group had a lower VO_2 than the control group. The main effect of group was significant, $F(1, 30) = 4.408$, $p < .05$, $\eta_p^2 = .128$. The main effect of time was also significant, $F(1.30, 39.08) = 191.072$, $p < .001$, $\eta_p^2 = .864$, reflecting the fact that VO_2 increased for both groups. The interaction of group and time was not significant, $F(1.30, 39.08) = 1.903$, $p = .174$, $\eta_p^2 = .060$.

2. The main effect of group was not significant, $F(2, 39) < 1$. There was a general increase in accuracy across the practice phase. The main effect of block was significant, $F(2, 78) = 4.27$, $p < .05$, $\eta_p^2 = .10$. While the two choice groups tended to show a greater improvement across practice relative to the control group, the main effect of group, $F(2, 39) = 1.34$, $p > .05$, and interaction of group and block, $F(4, 78) < 1$, were not significant.

3. All the groups tended to increase their accuracy scores and the RES group had the highest accuracy scores during the practice phase (see Fig 2, middle). The main effect of the practice phase (acquisition) on performance was significant, $F(2.17, 95.79) = 25.88$, $p < .001$, $= .37$. However, the main effect of the group, $F(3, 44) = 2.63$, $p < .062$, $\eta_p^2 = .15$, and the interaction of group and block, $F(6.53, 95.79) = .94$, $p < .473$, $\eta_p^2 = .06$, were not significant.

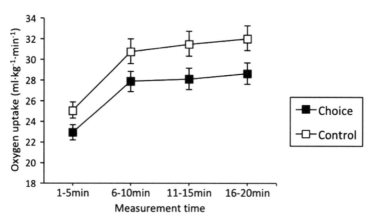

対応あり（被験者間の比較：1−5 min、6−10 min、11−15 min、16−20 min）
対応なし（2つの群：Choice、Control）の二要因分散分析

図 5.2-4 ▶ 二要因分散分析記述法 1

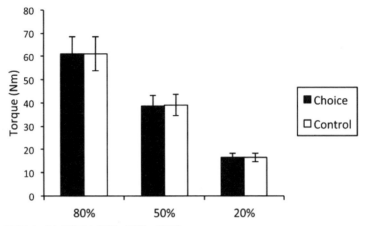

対応なし（力の強さ：80%、50%、20%）
対応なし（2 つの群：Choice、Control）の二要因分散分析

図 5.2-5 ▶ 二要因分散分析記述法 2

三要因分散分析（Three-way ANOVA）を使用時の記述法

記述例

1. EMG activity at each target level for the choice versus control conditions, aver- aged across trials, can be seen in Fig. 3. EMG activity was generally lower in the choice condition. The main effect of condition was significant, $F(1, 15) = 5.18$, $p = 0.038$, $\eta_p^2 = 0.257$. Furthermore, EMG activity was highest at the torque corresponding to 80% of MVC and lowest at 20% (see Fig. 4). The effect of target torque was significant, with $F(2, 30) = 222.12$, $p < 0.001$, $\eta_p^2 = 0.937$. Post hoc tests indicated the differences between 80% and 50% ($p < 0.001$, $d = 2.338$), 80% and 20% ($p < 0.001$, $d = 4.204$), and 50% and 20% ($p < .001$, $d = 2.057$) were significant.

   The interaction of condition and target torque was not

significant, $F_{(2, 30)}=2.38$, $p=0.110$, $\eta_p^2=0.137$. EMG activity did not change across trials, and the main effect of trial was not significant, $F_{(2, 30)}=0.56$, $p=0.5567$, $\eta_p^2=0.036$. Also, there were no significant interactions of condition and trial, $F_{(2, 30)}=2.06$, $p=0.145$, $\eta_p^2=0.121$, torque and trial, $F_{(2.19, 32.89)}=1.76$, $p=0.185$, $\eta_p^2=0.105$, or condition, torque, and trial, $F_{(1.84, 27.69)}=1.59$, $p=0.221$, $\eta_p^2=0.096$.

2. Maximum forces, averaged across hands, produced by the choice and control groups can be seen in Figure 1. While maximal force levels were similar for both groups on Trial 1, the control group showed a consistent decrease across trials, whereas the choice group was able to maintain the initial force level. The interaction of group and trial was significant, $F_{(2.13, 59.74)}=3.28$, $p=.041$, $\eta_p^2=.105$. Post-hoc tests confirmed that force production in the control group was significantly lower on the last trial ($M=37.93\pm8.97$ kg) relative to the first trial ($M=40.66\pm10.08$ kg), $p=.005$, $d=.856$, whereas there was no significant change for the choice group from the first ($M=40.58\pm10.40$ kg) to the last trial ($M=40.51\pm10.06$ kg), $p>.05$, $d=.011$. The main effect of hand was significant, $F_{(1, 28)}=30.77$, $p<.001$, $\eta_p^2=.524$, as forces produced with the dominant ($M=41.06$, $SD=9.64$ kg) were greater relative to the non-dominant hand ($M=38.59$, $SD=9.56$ kg), $p=.000$, $d=.025$. The main effect of trial was significant, $F_{(2.13, 59.74)}=3.44$, $p<.05$, $\eta_p^2=.109$. The main effect of group, $F_{(1, 28)}=.17$, $p=.678$, $\eta_p^2=.006$, was not significant. There were no other significant interaction effects.

相関分析 (Correlation)を使用時の記述法

記述例

1. Correlations among two independent factors of the MSRS, six self-regulation independent factors, and perceived choking are presented in Table 1. Conscious motor processing had significant positive correlations with all six self-regulation factors (i.e., planning, monitoring, effort, self-efficacy, reflection, and evaluation)

2. A Pearson correlation coefficient was computed to assess the relationship between health status and the amount of exercise competed per week. There was a strong, positive correlation between the two variables, $r=.047$, $p=.032$. The health status appeared to be associated with the amount of exercise patients performed.

重回帰分析 (Regression Analysis)を使用時の記述法

記述例

1. Stepwise regression was used to determine if the reinvestment and self-regulation factors predicted one's perception of

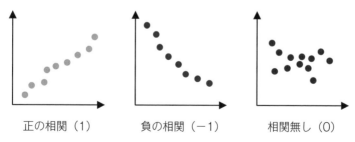

正の相関 (1)   負の相関 (−1)   相関無し (0)

図 5.2-6 ▶ 相関分析の散布図例

表 5.2-1 ▶ 相関分析記述法の分析表

Table 1. Correlations among MSRS, DSRS, and Perception of Choking

	1	2	3	4	5
1. Conscious Motor Processing (Factor 1 of MSRS)					
2. Movement Self-Consciousness (Factor 2 of MSRS)	.60***	—			
3. Decision Reinvestment (Factor 1 of DSRS)	.43***	.41***	—		
4. Decision Rumination (Factor 1 of DSRS)	.43***	.16	.48***	—	
5. Perception of Choking	.16	.27*	.17	.16	—

***:$p<.001$; *:$p<.05$

choking under pressure. The results of the regression are presented in Table 2, which indicates two predictors, self-efficacy, and movement self-consciousness, were found to predict the perception of choking under pressure, $F(2, 157) = 18.96$, $p < .001$. The multiple correlation coefficient was .44, indicating 20.0% of the variances of the perception of choking could be explained by self-efficacy and movement self-consciousness.

2. Multiple regression analysis was used to examine whether the level of anxiety, personality traits, types of coach predicted motor performance. The results of the regression analysis showed that two predictors explained 32.7% of the variance ($R2 = .33$, $F(2.55 = 5.56$, $p < .001$). The level of anxiety significantly predicted motor performance ($\beta = .46$, $p < .001$), as did types of coach ($\beta = .42$, $p < .001$).

3. A regression analysis indicated that self-efficacy on Day 1 (after the practice phase) did not predict retention, $F(1, 58) = 1.92$, $p = .17$, adjusted $R^2 = .01$, or transfer performance, $F(1, 58) = .37$,

表 5.2-2 ▶ 重回帰分析記述法の分析表

Table 2

Summary of simultaneous entry multiple regression analyses of perceived choking under pressure

	Combined American and Japanese Sample			American subsample			Japanese Subsample		
	b	SE b	β	b	SE b	β	b	SE b	B
Constant	7.080	1.357		5.049	3.213		5.997	1.784	
Conscious Motor Processing	-.023	.45	-.047	-.013	.077	-.035	-.020	.058	-.039
Movement Self-Consciousness	.072	.037	.165*	.042	.053	.133	.084	.051	.172
Planning	-.067	.057	-.129	.044	.093	.094	-.085	.072	-.146
Monitoring	.041	.102	.045	.070	.166	.096	-.005	.136	-.005
Effort	.078	.040	.179	-.117	.076	-.297	.133	.049	.285**
Self-Efficacy	-.188	.040	-.476***	-.039	.082	-.099	-.194	.050	-.424***
Reflection	.063	.057	.099	.096	.118	.124	.094	.070	.145
Evaluation	-.017	.034	-.045	-.027	.052	-.083	-.022	.046	-.054
R^2		.23			.13			.25	

*p < .05, **p <.01, ***p <.001*

$p = .54$, adjusted $R^2 = -.01$. Also, self-efficacy at the beginning of Day 2 predicted neither retention, $F(1, 58) = 1.01$, $p = .31$, adjusted $R^2 = .00$, nor transfer performance, $F(1, 58) = .05$, $p = .81$, adjusted $R^2 = -.016$.

COFFEE BREAK

学術誌に論文を掲載することで拓ける未来

　例えば、卒業論文や修士論文は書いても、その研究データを学術誌に掲載する割合はそれほど多くはないでしょう。大学卒業や修士課程修了には、学術誌への掲載は必要ありません。しかし、大学教員や研究者になること、博士課程に進学することを考えると、

1本の掲載論文の重みは非常に大きい

　私が英文校閲を担当する方々の一般的なパターンとしては、日本で博士号を取得する場合、日本語および英語の論文、各1本ずつが学術誌に掲載されないと学位取得には至りません。それ以外の研究活動は、自身の業績向上のために行われるものであり、卒業要件には含まれなくても、研究者としては最も重きを置く部分になります。

　研究職に就くためにアピールするには、**卒業論文や修士論文で書いた論文の学術誌掲載の有無が決め手**になるかもしれません。私自身の博士課程では、英語で1本、日本語で3本の論文を書きました。内容自体は振り返るとそれほど優れていたわけではないと感じますが、これらが学術誌に掲載されたこと自体が大きなアピールポイントになりました。その結果、2,000万円を超える学費や生活費のサポートを受けることができましたし、論文の掲載数によって教員職への就活時もアピールすることができ、多くの面接の機会を得ることができました。

　私の学術誌に掲載された研究論文は、右のQRコードからダウンロードすることができます。論文で使用している表現や文章の整え方、掲載誌ごとの体裁の違いなど、論文を比較して見ることで参考になる部分もありますので、時間があればトライ

論文ダウンロード

してみてください。

＊　＊　＊

　学生時代、そして修了後も、どうやって論文を学術誌に掲載させるかを考え続けることが、あらゆる可能性を拓いてくれています。さらに詳しい情報は動画にまとめてありますので、QRコードにアクセスしてみてください。

読者限定解説サイト

第6章 緒言／イントロ

6.1 緒言を書く際のルール

　研究論文の緒言は最初の章であり、執筆が非常に難しい章の1つです。論文のストーリーを導入する章であり、ここでは**研究の背景、問題点、先行研究、研究の目的**、場合によっては**研究の方法を明確かつ簡潔に説明する**ことが求められます。

　また、方法や結果の章と違い、緒言は研究者によって執筆方法が異なることがあります。比較的長い緒言を書く研究者もいれば、短く書く研究者もいます。そのような違いが出る理由は、執筆する際のルールがあまり決まっていないこともあるため、その結果どのように執筆するか迷う場合があります。

　主に「**緒言**」に含まれる内容は以下の項目があります。

- 研究の背景
- 先行研究の概要
- 研究で関係している理論
- 研究の目的
- 研究の仮説
- 大まかな研究の研究手法

　緒言を執筆する際のチェックポイントは以下の5つです。

緒言を書く際に気をつける 5 つのポイント

(1) 研究の重要性

(2) 明確な目的

(3) 先行研究と本研究の合致

(4) 先行研究の年号

(5) インパクトの強さ

（1）研究の重要性

緒言において、**なぜこの研究が行われるべきだったのか**、研究からどのような知識を生み出せる可能性があるのか、そして研究で得た知識を活かして「1 歩先の知見」へと至ることができるのかを明確にすることが重要です。

（2）明確な目的

緒言を読んだ後に、**研究の目的がすぐに理解できるようにすること**が必要です。誰が読んでも明確に理解できるように、緒言を慎重に構成する必要があります。

（3）先行研究と本研究の合致

選ばれた先行研究と本研究の内容が一致していることは非常に重要です。多くの先行研究から論述を組み立てることができますが、緒言の後半になるほど内容が本研究に近くなるため、行われた研究と先行研究で何が関係しているのかを説明します。また、以前の研究では何が解明できずに、研究の課題として残ったのかを明確に説明することが必要です。

（4）先行研究の年号

以前に作られた理論を引用する際は、その情報が古くなっている

可能性があります。例えば、私の研究分野である健康科学に関する情報は、常にアップデートされているため、引用文献は直近10年前後を目途に検討して、できるだけ新しい研究で緒言を構成するほうが見栄えがよく説得力のある緒言につながります。

（5）インパクトの強さ

　緒言は、**どの段落においても最初の1行が最も重要**です。その後の段落の内容は最初の1行に関係があるように構成することで力強い文章になります。最初の1行からその段落の要約が予想できるような文章を書くことが英語論文では求められます。

6.2 緒言は5段落構成でスラスラ書ける

　緒言を執筆することは、方法や結果と比べるとパターンがないため難しいです。このような難しさに直面することは多くの人が経験しています。しかし、以下のパターンを使えば誰でもスラスラと緒言を書くことができます。

　著者の掲載論文「運動のスキルを効率的に伸ばす方法について、被験者に練習環境を選ばせることによる影響」を例に、緒言の段落構成のうち以下の**パターン1**を検討してみましょう。

パターン1

① **研究領域の背景**
② **どんな研究があるか過去の研究を深掘り**
③ **なぜ、その研究が大事なのか**
④ **どの研究が足りていないのか**
⑤ **研究の目的と仮説**

①　研究領域の背景

　最初の段落で、研究の大まかな背景を明らかにします。以前はどのような方法が使われてきたのか、先行研究を引用しながら研究領域を述べます。

　例えば、注意力ややる気の運動のスキルへの影響についてなど、先行研究を用いて解説します。最後の 1 行、または 2 行には、本研究との関連性が高い先行研究を紹介し、自主性を感じる練習環境下でも運動のスキルを効率的に伸ばすことができる研究が行われていると論述します。

②　どんな研究があるか過去の研究を深掘り

　次の段落では、自主性と運動のスキルに関する過去の研究について深く掘り下げます。最初の研究は何であったか、その結果はどうだったかを紹介し、その後、どのように研究が進展したか、同様の結果が確認されているのか、異なる結果が出たのかなど、自主性と運動のスキルに関してどのように研究が進んでいるかを説明します。

③　なぜ、その研究が大事なのか

　第 3 段落では、確認された結果だけでなく、その研究が実際にどのように役立つのか、自主性を持った環境で運動のスキルを伸ばすことがどのような意味を持つのかを説明します。また、研究領域や内容を支える理論についても述べます。

④　どの研究が足りていないのか

　第 4 段落では、先に述べた研究の重要性を説明した後、不足している研究について深く掘り下げます。具体的には、最も関連性が高いと思われる 2 つ程度の研究を紹介し、それらの研究内容について、先行する段落（第 2 や第 3 段落）で紹介した研究よりも詳細に解説します。そして、それらの研究から

得られる新しい知見について説明し、最後に、何が不足しているか、どのような知見が欠落しているか、どのような研究が必要かを論じます。

このようにすることで、業績稼ぎのためにただ行われた研究ではなく、本研究の重要性が明確になり、行うべき不可欠な研究であることが示されます。

⑤ 研究の目的と仮説

第5段落では、研究の目的を1行目に述べます。前段落で欠落している研究について言及し、必要性を論じたため、研究の目的は自然と導き出されます。もし研究に複数の目的がある場合は、それらすべてを記述します。また、先行研究を引用しながら研究の仮説を提示します。

時には、研究結果が分かれている仮説を立てられない場合もありますが、その場合でも、仮説検証形ではない旨を論じます。**必要に応じて、研究方法の概要も記述**できます。研究の内容によっては、目的や仮説に詳細な説明をする必要がない場合もあり、その場合には、簡潔に方法をまとめることもできます。私自身も、そのような方法で執筆したことがあります。

パターン2

① **具体的な研究内容**
② **どんな研究があるのか過去の研究を深掘り（結果A）**
③ **反対の意見（結果Bもある）**
④ **なぜ結果が分かれるか、どの研究が足りていないのか**
⑤ **研究の目的と仮説**

このパターン2とパターン1の違いは、第1段落で研究の

専門外の方でも理解できる広く浅い内容ではなく、具体的に本研究に近いパターン 1 の第 2 か第 3 段落の内容を書くことです。先行研究の結果が 2 つに分かれている場合には、比較的どの研究にも応用できるパターン 2 で緒言を書くことができます。

　また、仮説が明確に立てられない場合でも、この順序で書くことで理解しやすい文章になります。第 4 段落では、研究内容に近い文献を引用し、なぜ結果が分かれているか、足りない研究を論述します。場合によっては、第 2 段落や第 3 段落ですでに使用した論文を再度引用して、より具体的に本研究に関する内容を書くこともあります。最後の第 5 段落は、パターン 1 と同様に、研究結果が分かれている場合は、そこからどのような仮説を立てたか、またなぜ仮説が立てられないのかを述べ、必要に応じて方法の概要も数行含めて書きます。

目的が 2 つある場合の具体的な検証法

　次に明確な 2 つの目的がある研究例を解説します。

　具体的な研究例として、被験者を 2 つの学習方法のグループに分けて、それぞれ別の学習法を学ばせて、最後に学習方法に関するアンケートに回答してもらいます。

　数日後、どちらの学習方法で学んだ被験者が内容を覚えているかを調査すれば、第 1 の目的が明らかになり、そうなれば第 1 の目的の「先」にある第 2 の目的も検証できるようになります。このような研究は、パターン 3 を使って緒言を効率的に構成すれば、研究の重要性を明確に示すことができます。

パターン3（主な研究目的が2つあるケース）

① 研究領域の背景と具体的な研究内容
② 研究目的1に関する論述
③ 研究目的2に関する論述
④ なぜ2つの研究目的が必要か、不足している研究内容
⑤ 研究の目的、仮説

目的1

学習方法Aと学習方法Bの比較

　研究の1つ目の目的は、学習方法Aと学習方法Bを比較し、どちらが学習者にとって忘れにくく、効率的な学習方法であるかを検討することとします。

　先行研究では、学習方法Aに効果があることが多く確認されており、同様の結果が得られるかどうかを検証します。対象者が異なる際は、同様の結果が得られていない状態も考えられます。

——目的1

目的2

なぜその結果が出たかというメカニズムの検証

　研究の2つ目の目的は、学習方法Aがなぜよいのかについてあまり確認されていない場合に、その理由を突き止めるために質問紙などを使って調査し、各理由の評価（例：やる気が高まった、または満足度が上がったなど）をしたとします。

　これにより、学習方法AのほうがBと比較して効果があった際の理由を質問紙の項目から検討できます。

——目的2

段落の増加

最後に、５段落以上で執筆しても問題はなく、各段落が長くなってしまう場合には６段落、もしくは７段落でも構いません。査読者によっては、短い緒言では不十分との指摘を受けることもありますので、必要に応じて６段落に増やすなど臨機応変に対応してください。

私の経験上も、**５段落で執筆して指摘がないこともあれば、逆に６段落になったこともあります。**しかしながら、緒言を構成する際には、上記の３つのパターンを使用すれば、どの研究分野でも読者に理解しやすい文章を作成することができます。

6.3 緒言執筆後の５つの確認ポイント

研究の緒言を読んでもらった友人や同僚から、理解しにくい箇所を指摘された場合は修正が必要です。執筆後に、以下の項目を確認することが重要です。

緒言執筆後の確認ポイント
① 研究の目的がわからない
② なぜこの研究が必要であるかわからない
③ どのような研究手法・方法か予想できない
④ ストーリーがつながっていない
⑤ 緒言の終盤で近年の研究が引用されていない

まず、①は読者にすぐに理解できるように書くことが必要です。また、②はこの研究で得た知識を活かした「１歩先の知見」を説明

することで、自ずと明らかになります。さらに、③では目的を述べる前に、先行研究の結果を具体的に説明することで、読者が研究の予想をしやすくなります。

　④では時系列的に説明することで、研究のストーリーを作ることができます。例えば、研究の背景や近年の研究でわかったこと、そこで問題となった点などを説明することで、研究の論理的な流れが明確になります。迷った場合は、パターン1〜3を採用することがお勧めです。

　最後に、⑤では、近年の研究論文を引用して議論を進めることで、近年の研究では解明できていない部分を本研究で行うことを強調して説明できます。そのため、掲載されてから5年以内などの比較的新しい研究論文を戦略的に引用することで、新規性のあるデータをこれらの先行論文から見つけられれば、「本研究」の意義が一目瞭然になります。

　以上のように、緒言を書く際には、これらの項目を意識することが大切です。

著者掲載論文の緒言の構成はコレだ！

　私のすでに掲載されている研究論文のうち、インパクトファクターが高いものをみると、以下のような「緒言」の構成になっています。

　なお、各「緒言」は、4〜6段落で構成されており、研究内容によっては緒言がやや長くなったり、短くなったりする場合があり、緒言の長さはその都度異なります。

　また、研究論文が査読された後、査読者からのコメントによっても文章が追加されたりすることがあり、初回の提出時とは異なる長さになることがあります。

Journal of Sports Sciences (IF：3.34) (2019)[19]

1. 自主性が生活とやる気に与える効果の研究結果の紹介
2. 自主性と運動学習の関係
3. その中でも、本研究にかかわる2つの研究内容と結果
4. 本研究にかかわる先行研究による理論と自主性の効果の裏付け
5. その中でも、さらに本研究にかかわる1つの研究内容と結果
6. 研究の目的と仮説

Psychological Research (IF：2.64) (2021)[21]

1. 自主性と運動のスキルの先行研究
2. その中でも、本研究にかかわる2つの研究内容と結果
3. 本研究にかかわる先行研究による理論と自主性の効果の裏付け（長い段落）
4. 研究の目的、仮説、方法の概要

Human Movement Sciences（IF：2.16）（2017）[22]

1. 自主性が人間や動物に与える効果と自主性の必要性
2. 自主性と運動スキルの先行研究
3. その中でも、本研究に密接にかかわる先行研究
4. 本研究にかかわる先行研究による理論と自主性の効果の裏付け
5. 研究の目的、仮説、方法の概要

Journal of Sport and Exercise Psychology（IF：2.03）（2022）[17]

1. 期待値と運動の関係性
2. 期待値を上げ、運動のスキルを上達させた先行研究
3. その中でも、本研究にかかわる2つの研究内容と結果
4. 期待値が具体的になぜよいかを述べた先行研究
5. 先行研究との差異と研究の目的

＊　＊　＊

　ここでサンプルに採り上げた研究論文は、右のQRコードから文章をダウンロードすることができます。時間があればダウンロードしてみて、実際の文章を読んで、「諸言」の5段落の構成パターンの違いを見比べてみてください。

論文ダウンロード

　またその際、6.3　**緒言執筆後の５つの確認のポイント**も意識しながら読んでみましょう。

＊　＊　＊

　私の YouTube には本書の補足説明にもなる解説動画がいろいろ UP されています。また、右の QR コードから「読者限定解説サイト」に飛べば、本書の解説動画はもちろん、執筆時のメンタル対策、文献フォーマット用のデータなども用意されていますので、ぜひご参考にしてみてください。

読者限定解説サイト

第7章　考　察

7.1　考察を書く際のルール

　研究論文において、考察は最後の章であり、緒言と同様に論文の中でも難しい章の1つです。緒言はストーリーの導入でしたが、**考察はその研究から得られた結果の解釈を含む結論を述べる章です**。この章では、**結果の解釈や先行研究との比較、今後の展望研究などを説明します**。

　また、緒言と考察は関連しており、2つの章を比較することが重要です。前述のように、考察の執筆方法は研究者によって異なります。長い考察を書く研究者もいれば、短くまとめる研究者もいます。緒言同様、執筆のルールが決まっていない場合もあるため、研究者によって異なる執筆方法があることも事実です。

　主に「**考察**」に含まれる内容は以下の項目があります。

- ● 研究目的と結果のまとめ
- ● 研究結果の解釈
- ● 先行研究との比較
- ● 研究の限界
- ● 今後の展望
- ● 現場への示唆
- ● 結論

　考察を執筆する際のチェックポイントは以下の5つです。

考察を書く際に気をつける 5 つのポイント

（1）研究の解釈

（2）先行研究との差異

（3）解釈の行き過ぎ

（4）研究の限界と今後の展望

（5）新しく得られた研究結果の意味

（1）研究の解釈

　研究の結果を説明するには、単に結果を説明するだけではなく、考察を読んで、その結果が得られた理由や意味を論述する必要があります。結果を繰り返すのではなく、なぜその結果が出たのか、また得られた結果の意味を論述します。

（2）先行研究との差異

　研究の新しい成果を示すには、先行研究との違いを説明する必要があります。**先行研究と同じ結果が得られた場合はそれを述べ、違う結果が得られた場合は、その違いを比較・検討します。**

（3）解釈の行き過ぎ

　研究結果から物事を解釈することが大事です。研究結果から論じられないことを含めると、査読者から批判を受ける可能性があるため、**研究結果から推論できる範囲内で解釈する必要があります。**

（4）研究の限界と今後の展望

　1 つの研究から得られる結果は限られているため、理解できなかったことを研究の限界として述べることがあります。研究者によっては、理解できなかった事を今後の展望として執筆します。

　私のお勧めは、**研究の限界として理解できないことよりも今後の**

展望を論述する方がよいと感じています。その理由として、引用数を増やすためには、今後の展望として可能性を示す方が、研究に関心を持つ読者にとっても魅力的に映ります。そして、その研究内容を検討したり、利用する読者が増えることが考えられ、引用も増えやすいのではないかと感じています。

（5）新しく得られた研究結果の意味

研究結果が人々の生活にどのような意味や可能性があるか、どう生活が変わる可能性があるかを実用的に説明することが重要です。そうすることで、研究が人々の生活を改善するためのものであるというイメージが強くなり、必要性が認識されやすくなります。

7.2 考察も5段落でスラスラ書ける

考察は緒言と同じく、方法や結果と比べて執筆するパターンがないため、書くのが難しいと多くの人が感じています。私も考察が最も難しい章だと思いますが、以下の方法に従えば、誰でもスラスラと考察を書くことができます。

具体的に、「学習方法をどのように促進するのか比較するために行った研究」を例に挙げて、パターン1から解説します。

> **パターン1**
>
> ① 研究目的、結果のまとめ、仮説と比べた見解
> ② なぜその結果が出たかの1つ目の理由
> ③ なぜその結果が出たかの2つ目の理由
> ④ 今後の展望
> ⑤ 研究の結論や実用的な例

　私は、近年の多くの論文で、この 1 つ目のパターンを使用しています。

①　研究目的、結果のまとめ、仮説と比べた見解

　最初の段落では、研究の目的を簡単に説明し、結果をまとめますが、注意する点は、緒言での文言と同様にならないように変化をつけることです。

　統計処理を使った場合は、数値を示すのではなく、主な結果を紹介します。また、仮説が正しかったかどうかも述べます。この段落の終わりでは、研究の結果がどのような新しいデータや情報を示唆しているかを解説します。

　この「**この研究から新しい結果が出た**」という文言は、査読者にとっても新しい研究だと感じることができ、論文の印象を上げるためにとても効果的です。

②　なぜその結果が出たかの 1 つ目の理由（先行研究との対比）

　第 2 段落では、**先行研究を用いて研究結果を具体的に説明します**。緒言でも触れた部分ですが、それをもっと掘り下げて言及します。

　例えば、学習方法ＡのほうがＢよりも効果的だった場合、なぜその結果が出たのかを考察します。先行研究を用いて、心理学的、神経科学的、教育学的など論文に相応しい観点から比較したうえで、学習方法Ａの先行研究の捉え方や対象者が異なる際の結果から、本研究の結果の解釈であり、学習方法Ａが効果的だったメカニズム（やる気が上がる方法だったり、あるいは集中しやすい環境、または記憶力が高まる方法といった、2 つの学習方法の比較を基に検証したもの）を論述します。

③　なぜその結果が出たかの 2 つ目の理由

　第 3 段落では、2 段落とは異なる別の観点から研究結果を

紹介します。例えば、心理学的、神経科学的、教育学的な観点から学習方法Ａのメリットや学習方法Ｂのデメリットについて説明します。

④　今後の展望

　この段落では、今後必要な研究について記載します。多くの場合、研究の限界について述べるパターンが見られます。研究の限界は、この研究ではわからなかったことを示します。前述したように、今後の展望は、今後必要な研究の方向性を示します。

　どちらも正しい方法ですが、私の経験から、**未来形で記述することで、読者が必要な研究の方向性を理解し、その研究が実施される可能性が高まる**と感じています。**その結果、研究論文の引用数が増加し、その研究の社会的貢献度が高くなる**可能性があります。したがって、私は**研究の限界ではなく、本研究からは解明できなかった内容と今後必要な研究の方向性を示す**ことをお勧めします。

⑤　研究の結論や実用的な例

　第５段落では、研究の結論とその意義についてわかりやすく説明します。一般的に、研究目的、主な結果、そして結論について述べるパターンが見受けられます。

普段研究論文を読まない方に、この研究結果にどのような意味があるのか、現実世界にどのような影響を与えるのかなど、研究者でなくても理解しやすいよう執筆します。また、研究がどのような問題を解決できるのか、その研究の価値を伝えることも重要です。

　これにより、読者は研究論文のイメージがよくなり、考察の最後に「まとめ」の節を含めることで研究論文の有用性をさらに感じることができる文章となります。

パターン２（主な研究目的が２つあるケース）

① 研究目的、結果のまとめ、仮説を比べた見解

② なぜその結果が出たのか、研究データ１の理由（目的１）

③ なぜその結果が出たのか、研究データ２の理由（目的２）

④ 今後の展望（もしくは研究の限界）

⑤ 研究の結論や実用的な例

　上記の執筆は、研究データが多い場合に最適です。また研究データが多ければ多いほど、段落も増えることが考えられます。緒言の章では、この２つの目的がある研究の執筆方法を紹介しました。「考察」のパターン２でも、前章と同様に以下の研究デザインのストーリーを作ることができます。

　　目的１：　学習方法Ａと学習方法Ｂの比較

　　目的２：　なぜその結果が出たかというメカニズムの検証

　緒言と同様に、５段落以上で執筆することは問題なく、論文が長くなってしまう場合には６段落以上でも構いません。パターン２で執筆した際、研究データ１と２に各２段落の量を執筆すると７段落になります。傾向として、緒言よりも考察の分量が多い論文をよく見受けられます。

　誰にとってもわかりやすいストーリーを作り出せるのがこの執筆方法ですので、ぜひ参考にしてみてください。

7.3 考察執筆後の５つの確認ポイント

　研究の考察を読んでもらった友人や同僚から、理解しにくい箇所

があった場合は修正が必要です。執筆後に、以下の項目を確認する
ことが重要です。

考察執筆後の確認ポイント

① 研究結果の解釈が不明

② 研究結果と解釈の不一致

③ 研究の限界の記述と今後の展望が不明

④ ストーリーがつながっていない

⑤ 研究の実用的な有用方法が不明

　まず、①は考察の1番の役割であり、結果の意味を説明してい
るか再確認が大事です。また、②は研究結果をもとに解釈すること
で、先行研究と研究結果を分けて研究結果のみから解釈します。

　1つの研究ですべてが理解できるわけではないですが、この研究
で何がわからなかったのか（解明できなかったどのポイントを今後
の研究課題や展望とするのか）を書くことで、③の問題は解決しま
す。

　また④では、研究結果の解釈、今後の展望、研究の実用的な例や
結論と順番に論述を進めます。

　最後に、⑤では研究の結論だけを示すだけでなく、研究者のみな
らず研究がどのように実用的に有用されるかを示唆することが大切
です。

著者掲載論文の考察の構成はコレだ！

6章と同様に、私のすでに掲載されている研究論文のうち、インパクトファクターが高いものをみると、以下のような「考察」の構成になっています。

なお、各「考察」も、4〜7段落で構成されており、研究内容によって長短が変わったり、査読者のコメント次第で加筆するなど、適宜修正が行われるのも緒言と同様です。

Journal of Sports Sciences (IF：3.34) (2019)[19]

1. 研究目的、結果のまとめ、仮説と比べた見解
2. なぜその結果が出たのか、結果の解釈 1
3. なぜその結果が出たのか、結果の解釈 2（長い段落）
4. 今後の展望、研究の実用的な例と結論

Psychological Research (IF：2.64) (2021)[21]

1. 研究目的、結果のまとめ、仮説と比べた見解
2. なぜその結果が出たのか、結果の解釈 1
3. なぜその結果が出たのか、結果の解釈 2 と今後の展望
4. 研究の実用的な例と結論

Human Movement Sciences (IF：2.16) (2017)[22]

1. 研究目的、結果のまとめ、仮説を比べた見解
2. なぜその結果が出たのか、結果の解釈 1
3. なぜその結果が出たのか、結果の解釈 2
4. 今後の展望
5. 研究の結論

Journal of Sport and Exercise Psychology（IF：2.03）
（2022）[17]

1. 研究目的、結果のまとめ、仮説と比べた見解
2. なぜその結果が出たのか、結果の解釈1
3. なぜその結果が出たのか、結果の解釈2
4. なぜその結果が出たのか、結果の解釈3
5. なぜその結果が出たのか、結果の解釈4
6. 今後の展望と研究の結論1
7. 研究の実用的な例、今後の展望と研究の結論2

　私は考察を書くことが最も難しいと感じています。一方で、緒言が難しいという人もいますし、私の共同研究者であり博士課程の学生は、考察のほうが書きやすいと言っています。

　研究を始める前に、その研究の意義・目的を明確にしておくため、「どうしてその研究が必要なのか」というストーリーがあると、緒言は断然書きやすくなります。しかし、考察の場合、得られた結果を解釈し、どうしてそのような結果が出たのかを検討する必要があります。ただ単にデータを集めたという場合、この章を書くのは困難です。そのため、ある程度どのような結果が出るかを予測して研究を進めると、考察は書きやすくなるでしょう。

＊　＊　＊

　6章と同様に、ここでサンプルに採り上げた研究論文は、右のQRコードから文章をダウンロードすることができます。時間があればダウンロードしてみて、実際の文章を読んで、「考察」の構成パターンの違いを見比べてみてください。

論文ダウンロード

　またその際、7.3 **考察執筆後の5つ
の確認ポイント**も意識しながら読んでみましょう。

*　*　*

本書や私の YouTube で紹介している
攻略法に従って論文を執筆すると、指導教
官から指摘を受けることなく、わかりやす
くて掲載されることも多いと、英文校閲者
や読者からよくコメントをもらいます。

読者限定解説サイト

また、読者限定解説サイトにも、英語論
文を書くためのヒントや解説が動画で UP
されています。

本書の攻略法は誰でも使えるため、ぜひ参考にしてみてください。

第 8 章　抄録・参考文献

8.1　抄録 (Abstract) の書き方と気をつけるポイント

　研究論文の抄録は、研究の目的、方法、結果を簡潔にまとめた要約であり、研究論文の最初に位置します。抄録の役割は、読者が研究論文の内容把握の手助けです。卒業論文、修士論文、博士論文、学術誌への投稿論文など、どの場合でも同じ役割を果たします。

　抄録の一般的な長さは、120 から 300 語程度、読者が必ず読む箇所であり、査読に大きな影響を持つ編集長も読む部分であることからも、論文掲載において重要な箇所であることは言うでもありません。抄録を執筆する際のチェックポイントは以下の 5 つです。

抄録を書く際に気をつける 5 つの項目

（1）要旨を簡単にまとめる

（2）研究目的を明確にする

（3）研究方法を説明する

（4）研究成果を強調する

（5）結論を示す

（1）要旨を簡単にまとめる

　抄録は論文の要旨を簡単にまとめたものであり、内容を端的に表現する必要があります。

（2）研究目的を明確にする

　研究の目的を明確にすることで、読者が研究の趣旨をつかみやすくなります。反対に目的が不透明だと全体として読みにくい研究論文になってしまいます。

（3）研究方法を説明する

　研究手法についても簡潔に説明する必要があります。例えば、被験者の情報などが複雑であった場合でも、研究内容によりますが、人数だけを表記するなど短くまとめます。データの取り方や分析方法など、多くの材料から執筆する内容を吟味する作業は重要です。

（4）研究成果を強調する

　研究論文の結果は、多くの読者が気になる点です。多くの研究データをとっている場合は、1つもしくは2つの内容と研究で最も大事な成果を端的に示すことで、研究の有用性や価値を効果的に伝えることができます。

（5）結論を示す

　抄録の最後に、研究の結論を簡潔にまとめることで、研究結果だけでなく、研究の成果や意義を把握しやすくなります。

コラム

日本語の抄録を掲載する学術誌を避ける重要性

　日本の学術誌では、すべて日本語で執筆されることもあれば、抄録だけが英語である場合もあります。海外の教授との共同研究や、大学教員としてのサバティカル中の研究活動、または博士課程や修士課程を海外留学で目指す際に、**日本語の抄録は非常に大きな障害**となり得ます。

　本書ではすべて英語で執筆することを推奨していますが、私自身も最初の論文3本は日本語で執筆しましたし、いきなりすべてを英語で書くのは難しい場合もあるでしょう。しかし、抄録のみでも英語であれば、海外での研究や学位取得を考えた際に、より効果的にアピールすることが可能です。

　私自身、博士課程で学費全額免除と給料が支給される条件で3つの大学院から合格通知を受けましたが、掲載されている研究論文のうち英語で書かれたものは1本のみで、残り3本は抄録だけが英語でした。しかし、この**英語の抄録が指導教員へのアピール**となりましたし、実際、**英語の情報がなければ日本語を理解する人以外に読まれることはありません**。私は学費全額免除で、約2,300万円（当時）の支援を受けました。学費の高騰や円安を考えると、現在は博士課程で米国留学であれば少なくとも2,500万円から5,000万円が免除される可能性がありますので、抄録を英語で掲載する学術誌を選ぶことをお勧めします。さらに留学に関する情報に興味がある方は、動画でも詳しく解説していますので、QRコードからアクセスしてみてください。

読者限定解説サイト

8.2　抄録の例

　具体的に示すと、以下の項目を順番通り執筆することで整理された抄録の執筆が可能です。1行から4行程度で各項目を説明します。なお、研究の背景と考察については、省略する著者も多くいます。

1. 背景
2. 目的
3. 方法
4. 結果
5. 考察
6. 結論

　実際に、インパクトファクターのある学術誌に掲載された著者の論文の抄録を例に、文字数や構成を確認してみましょう。

Journal of Sports Sciences (IP：3.34) (2019)[19]

192 単語 10 行

① 背景　2行
② 目的　2行
③-1 方法（手続き）　2行
③-2 方法（実験群の説明）　1行
④ 結果　1行
⑤ 考察　1行
⑥ 結論　1行

Performer autonomy has been shown to contribute to effective motor performance and learning. Autonomy support is therefore a key factor in the OPTIMAL theory of motor learning (Wulf, G., & Lewthwaite, 2016). The purpose of ② the present study was to examine whether supporting individuals' need for autonomy by giving them choices would increase movement efficiency. Such a finding would be consistent with the OPTIMAL theory prediction that autonomy facilitates the coupling of goals and actions. Participants (N=32) were asked to run at a submaximal intensity (65% of VO2 max) for 20 minutes. Before the run, participants in a choice group were able to choose 5 of 10 photos as well as the order in which they would be shown to them on a computer screen during the run. Control group participants were shown the same photos, in the same order, chosen by their counterparts in the choice group. Throughout the run, oxygen consumption and heart rate were significantly lower in the choice group than the control group. Thus, providing autonomy support resulted in enhanced running efficiency. The present findings[6] are in line with the notion that autonomy facilitates goal-action coupling.

Psychological Research (IP : 2.64) (2021)[21]

▎163 単語 7 行

① 目的　1 行
②-1 方法（手続き）　1 行
②-2 方法（課題）　1 行
②-3 方法（実験群の説明）　1 行
③ 結果　1 行
④ 考察　1 行
⑤ 結論　1 行

The purpose of this study was to examine whether conditions that provide performers with a sense of autonomy, by giving them choices, would increase movement efficiency. We evaluated neuromuscular activation as a function of choice, using surface electromyography (EMG), during isometric force production. Participants (N=16) were asked to perform plantar flexions at each of three target torques (80%, 50%, 20% of maximum voluntary contractions) under both choice and control conditions. In the choice condition, they were able to choose the order of target torques, whereas the order was pre-deter- mined in the control condition. Results demonstrated that while similar torques were produced under both conditions, EMG activity was lower in the choice relative to the control condition. Thus, providing performers with a choice led to reduced neuromuscular activity, or an increase in movement efficiency. This finding is in line with the notion that autonomy support readies the motor system for task execution by contributing to the coupling of goals and actions.

Human Movement Sciences (IP：2.16) (2017)[22]

`221 単語 11 行`

① 背景　3 行

② 目的　1 行

③-1 方法（課題と手続き）　2 行

③-2 方法（実験群の説明）　2 行

④ 結果　1 行

⑤ 考察　1 行

⑥ 結論　1行

Performer autonomy (or self-control) has consistently been shown to enhance motor learning, and it can also provide immediate benefits for motor performance. Autonomy is also a key variable in the OPTIMAL theory of motor learning (Wulf & Lewthwaite, 2016). It is assumed to contribute to enhanced expectancies and goal-action coupling, affecting performance effectiveness and efficiency. The purpose of the present study was to examine whether providing autonomy support by giving performers choices would enhance their ability to maintain maximum force levels. Participants were asked to repeatedly produce maximum forces using a hand dynamometer. After 2 initial trials with the dominant and non-dominant hand, stratified randomization was used to assign participants with the same average maximum force to one of two groups, choice or yoked control groups. Choice group participants were able to choose the order of hands (dominant, non-dominant) on the remaining trials (3 per hand). For control group participants, hand order was determined by choice-group counterparts. Maximum forces decreased significantly across trials in the control group, whereas choice group participants were able to maintain the maximum forces produced on the first trial. We interpret these findings as evidence that performer autonomy promotes movement efficiency. The results are in line with the view that autonomy facilitates the coupling of goals and actions (Wulf & Lewthwaite, 2016).

Journal of Sport and Exercise Psychology (IP：2.03) (2022)[17]

137 単語 7 行

① 目的　1 行
②-1 方法（課題）　1 行
②-2 方法（手続き）　2 行
②-3 方法（実験群の説明）　1 行
③ 結果　1 行
④ 結論　1 行

The purpose of this study was to examine the effects of different success criteria on motor learning in children. Forty-eight children threw soft-golf balls toward a circular target using their nondominant arm. On Day 1, they performed six blocks of 12 trials from 5.5 m. On Day 3, they performed a 12-trial retention test followed by a 12-trial transfer test. Participants were randomly assigned to one of four groups：difficult criteria for success, relatively easy criteria for success (RES), easy criteria for success, and control. Results demonstrated that there was a significant difference between the RES and control groups in their throwing accuracy on the retention and transfer tests, and the RES group had the highest score compared with the other two groups. This research suggests that providing relatively easy criteria facilitates motor skill acquisition in children.

　上記の 4 本の抄録から必要な項目は以下のような傾向が見えてきます。

1. 背景　2本/4本中 ⎫
2. **目的**　4本/4本中 ⎪
3. **方法**　4本/4本中 ⎬ 2、3、4、6は
4. **結果**　4本/4本中 ⎪ すべての論文で
5. 考察　3本/4本中 ⎪ 取り上げていることが
6. **結論**　4本/4本中 ⎭ わかる

　文字数や含まなければならない項目で構成は多少変わることがありますが、どの論文でも書くべき内容（「目的」「方法」「結果」「結論」）は比較的決まっていることが多いです。

8.3　文献表記のフォーマット

　研究論文を学術誌に掲載する際には、参考文献の表記を指定されるフォーマットに合わせて、その体裁に整えることが必要不可欠です。そのため、論文を執筆する前に、論文を提出する学術誌を決め、文字数やフォーマットについて事前に把握しておくことが重要です。これにより、後で無駄な変更をする必要がなくなります。
　研究論文で最も使われるフォーマットは以下の4つです。

> 文献表記のフォーマット
> （1）APA フォーマット
> 　　　（American Psychological Association）
> （2）MLA フォーマット（Modern Language Association）
> （3）Chicago フォーマット（Chicago Manual of Style）
> （4）Harvard フォーマット（Harvard referencing style）

表 8.3 ▶ **各フォーマット比較**

名称	(1) APA	(2) MLA	(3) Chicago	(4) Harvard
分野	心理学を中心とした社会科学分野（例 教育学、看護学、コミュニケーション学、ビジネス、心理学など）	主に言語学、文学、芸術などの分野（例 英語、外国語、哲学、宗教学、歴史など）	主に、人文科学や社会科学分野（例 歴史学、哲学、芸術史、社会学、政治学など）	主に、ビジネス、法律、経済学などの分野
特徴	最も広く使用されており、主に、引用、参考文献、ページ番号、または論文の構造などに関する指針が含まれる	APAフォーマットとは異なり、出版物のタイトル、出版社、出版年などの情報を強調	出版物の引用に使われることも多い	引用スタイルはAPAフォーマットに似ている

　各フォーマットの違いについては表 8.3 にまとめました。

　フォーマットによって論文執筆に大きく変わる箇所は、研究論文の引用方法です。

APA:

Iwatsuki, T., Navalta, J. W., & Wulf, G. (2019). Autonomy enhances running efficiency. *Journal of Sports Sciences*, *37*(6), 685–691. https://doi.org/10.1080/02640414.2018.1522939.

MLA:

Iwatsuki, Navalta, et al. "Autonomy Enhances Running

Efficiency." *Journal of Sports Sciences*, vol.37, no.6, 2019, pp. 685-691, doi：10.1080/02640414.2018. 1522939.

Chicago:

Iwatsuki, Takehiro, James　W . Navalta, and Gabriele Wulf. "Autonomy Enhances Running Efficiency." *Journal of Sports Sciences* 37, no.6(2019)：685-691. https://doi.org/ 10.1080/02640414.2018.1522939.

Harvard Style:

Iwatsuki T , Navalta JW and Wulf G（2019）'Autonomy enhances running efficiency', *Journal of Sports Sciences*, 37 (6)：685-691, doi：10.1080/02640414.2018.1522939.

■ APA フォーマットの原則

　以下の項目を確認することで、基本的にフォーマットにミスがなく論文を執筆することができます。

- ①　アイ（I）は使わない。私は、という（I）はご法度
- ②　Times New Roman を使う
- ③　フォントサイズは 12

　例えば、APA フォーマットは「I suggest（私は○○を示唆する）」のように、文中に「I」を入れないようにしましょう。ただし、共同研究者がいる場合は、「We（私たち）」と書いても構いません。また、フォントやフォントサイズが異なると、フォーマットに合わないことがすぐにわかるので、注意が必要です。

Article

Relatively Easy Criteria for Success Enhances Motor Learning by Altering Perceived Competence

Perceptual and Motor Skills
2021, Vol. 128(2) 900–911
© The Author(s) 2020
Article reuse guidelines:
sagepub.com/journals-permissions
DOI: 10.1177/0031512520981237
journals.sagepub.com/home/pms
⑤SAGE

Takehiro Iwatsuki[1] ⑩ and
Claude J. Regis[1]

Conclusion

The purpose of the study was to examine whether enhancing success expectations by providing different criteria for success would influence motor learning. Specifically, we sought to determine whether providing relatively easy criteria for success would (a) enhance the learning outcomes of throwing accuracy and (b) enhance perceived competence. We replicated earlier research by showing

文中に引用する際の例

1. Evidence for better outcomes from autonomy support is limited (Iwatsuki & Otten, 2021).

2. Iwatsuki and Otten (2021) mentioned that evidence for better outcomes from autonomy support is limited.

　1つ目は、名前が（　）の中に入っています。その場合は、半角の「&」を使用します。2つ目は、名前が（　）の中になく、その時は「and」を使用します。

　前記の研究論文の表記は正しいAPAフォーマットです。具体的にどこを確認して執筆・整えるかの手順は次の通りです。

コラム ## 上級者向け　論文をより素早く書く方法

　少し上級者向けに、さらに素早く論文を書くための方法として、まず**引用文献を使わずに論文を執筆してみてください。**

　多くの人が論文を書く際は、まず引用文献を探し、その情報を文中に引用していくと思います。自分の研究テーマに精通してくると、緒言や考察の段階で引用する文献がわかるようになるので、その分だけ引用文献を探す手間を省くことができるかもしれません。

　しかし、引用する文献の詳細が正確にわからない場合もあります。そうなると、引用する論文の情報を確認するために、時間を割かなければなりません。このため、私は数年前から、論文の引用する文献を後で付け足すこともあります。

　そもそも文章を書いたり、引用したりすることは時間がかかります。私はこの流れに非効率性を感じ、引用を後から付け足すようになりました。

　今では、論文を書く際に、「この情報はどこかにあるだろう」と見当がついたもののうち、その情報を引用することで緒言や考察を充実させることができる場合には、文中に（CITE）という表記をして後で引用文献を探すことにしています。これによって、どんどん書き進めることができます。

　私はこの方法を採り入れてから、一気に論文を書ける量が増え、緒言や考察の内容が頭に入っている場合には、わずか1日で書き上げることもありました。論文を書いた経験がほとんどない場合は難しいかもしれませんが、複数の論文を書いた経験があれば、このように引用文献の記載を後回しにすることで、もっと効率的に書くことができるでしょう。

8.4 参考文献を効率よく整えよう

　参考文献を正確に記載する方法について説明します。まず、どの情報を見て記載するか、巻（Volume Number）の後に号（Issue Number）がある場合やサブタイトルがある場合、日本語の論文の場合の記載方法について説明します。

Journal of Sport and Exercise Psychology, 2022, 44, 420-426
https://doi.org/10.1123/jsep.2022-0082
© 2022 Human Kinetics, Inc.

Human Kinetics
ORIGINAL RESEARCH

Neither Too Easy Nor Too Difficult: Effects of Different Success Criteria on Motor Skill Acquisition in Children

Seyyed Mohammadreza Mousavi,[1] Jalal Dehghnizade,[2] and Takehiro Iwatsuki[3]
[1]College of Sport Sciences, University of Isfahan, Isfahan, Iran; [2]Faculty of Sports Sciences, Urmia University, Urmia, Iran; [3]Department of Kinesiology and Exercise Sciences, University of Hawaii at Hilo, Hilo, HI, USA

Mousavi, S.M., Dehghnizade, J., & Iwatsuki, T. (2023). Neither too easy nor too difficult : Effects of different success criteria on motor skill acquisition in children. Journal of Sport and Exercise *Psychology, 44*, 420–426.

具体的な整え方の手順

① 　苗字→半角カンマ→名前のイニシャル→半角カンマと執筆し、最後の著者の前は「&」を使用。

② 　T.の後（最後の著者）は、

　　1）半角スペース

　　2）半角丸カッコ

　　3）年数

　　4）半角丸カッコ閉じ

　　5）半角のピリオド

　　6）半角のスペース

③ 　論文のタイトルは、**最初の単語のアルファベット以外はすべて**

小文字です。引用する論文が大文字を使用していた場合でも小文字を使用。

④　論文投稿雑誌名と巻（Volume Number）の 44 を斜体で表記。

⑤　ページ数を半角で足し、ピリオドをつけて完成。

引用の細かなチェック 1

Journal of Motor Behavior, Vol. 53, No. 5, 2021
© Taylor & Francis Group, LLC

RESEARCH ARTICLE
Providing Choice Enhances Motor Performance under Psychological Pressure

Takehiro Iwatsuki[1], Mark P. Otten[2]

巻（Volume Number）の後に号（Issue Number）がある論文は、以下のように表記します。

正しい記載	間違った記載
Iwatsuki, T., & Otten, P. M. (2021). Providing choice enhances motor performance under psychological pressure. *Journal of Motor Behavior, 53*(5), 656-662.	Iwatsuki, T., & Otten, P. M. (2021). Providing choice enhances motor performance under psychological pressure. *Journal of Motor Behavior, 53*(5), 656-662.

見極めのコツ：巻（Volume Number）までが斜体です。号（Issue Number）は正体【せいたい：印刷用語】が正しい記載です。上記の論文の場合、53 までが斜体、(5) は正体で傾けたりせずに普通に記載します。

引用の細かなチェック 2

サブタイトルは以下のように記載してください。

正しい記載	間違った記載
Iwatsuki, T., Shih, H. T., Abdollahipour, R., & Wulf, G. (2019). More bang for the buck：Autonomy	Iwatsuki, T., Shih, H. T., Abdollahipour, R., & Wulf, G. (2019). More bang for the buck：autonomy

support increases muscular efficiency. *Psychological Research*, *37*(5), 685-691.	support increases muscular efficiency. *Psychological Research*, *37*(5), 685-691.

見極めのコツ：サブタイトルの1番最初の文字は、大文字で記載します。

引用の細かなチェック 3

日本語の論文の場合は、以下のように体裁を整えます。

岩月猛泰，高橋正則 (2014) テニスのバックハンドにおけるドロップショットの動作解析：バックハンドのスライスと比較して．テニスの科学，22，11-22.

正しい記載	間違った記載
Iwatsuki, T. & Takahashi, M. (2014). Movement analysis of tennis backhand drop shot： Compare with backhand slice. *Japanese Journal of Tennis Science*, 22, 11-22.	Iwatsuki, T. & Takahashi, M. (2014). Movement analysis of tennis backhand drop shot： Compare with backhand slice. *Japanese Journal of Tennis Science*, 22, 11-22. (In Japanese)

記載のコツ：日本語論文は、（In Japanese）などと論文の後に加えている方をみかけますが、その必要はありません。

 ## 参考文献では日本語の文献を避ける

　基本的に**英語の論文を執筆する際には、英語で執筆されていない論文を引用することは避けてください**。査読者が日本語の論文を参考に挙げられても判断できないことが多いからです。学術誌によっては、英語以外の論文の引用が制限されたり、引用が制限や禁止されていたりするため注意が必要です。可能であれば、英語で執筆された論文のみを引用することを推奨します。

8.5 参考文献を整理するためのソフトウェア

　研究論文の文献管理には、Mendeley や EndNote などの文献管理ソフトウェアが便利です。これらの文献管理ソフトウェア（Reference Management Software）を使用することで、文献データを自動で収集し、整理することができます。また、引用箇所を訂正したり、削除したりする場合には、自動的に文献リストからも削除されます。

　これらのソフトウェアを使用する前にはインストールや設定の方法などをきちんと理解することが必要です。
　また、文献の収集時点で正しい引用形式を選択することが重要です。さらに、オンラインで共有された文献データを使用する場合には、その正確性や信頼性についても十分に確認する必要があります。

　これらのソフトウェアは、インターネット上からダウンロードすることができ、価格は使用するソフトウェアによって異なります。

　以下に簡単に文献ソフトウェアを使う際のメリットとデメリットについて紹介します。

導入のメリット

・自動的に文献情報を
　収集し、整理すること
　ができる。
・引用文献の追加や編
　集が容易である。
・論文のフォーマット
　を変えるのは非常に
　楽で、変更に大きな時
　間を費やさなくて済
　む。
・PDF ファイルを直接
　参照することができ
　る。
・パソコンとデスク
　トップなど複数のデ
　バイスで同期するこ
　とができる。

・購入費用が必要であ
　る。
・収集した文献情報に
　誤りがある場合、それ
　に 気づかないと間
　違った情報のままの
　参考文献になる。
・共同研究者と各々修
　正を加える際に、どの
　論文が文献管理ソフ
　トウェアによって追
　加されたかがわから
　ない場合に文献情報
　が正しく反映されな
　い場合がある。
・一部の機能が英語の
　みで提供されている。
・インターネットに接
　続がされていない場合
　一部機能の制限あり。

導入のデメリット

図 8.5 ▶ ソフトウェア導入のメリットとデメリット

 8.6 必見！　プレゼンテーション／学会発表する場合の心得

　研究活動において重要な要素の 1 つとして、プレゼンテーショ
ンが挙げられます。幸運なことに、私はプレゼンが上手いと評価さ
れています（もちろん、下手だという失礼な方はいないでしょうが

……）。研究発表では、プレゼンテーションそのものだけでなく、質疑応答に対応する能力やプレゼン後の対応も含まれます。しかし、私は以下の項目を最低限守るだけでもかなり優れたプレゼンになると考えています。

効果的なプレゼンテーションの方法
(1) 話の内容を明確に伝える
(2) 時間通りにプレゼンを終了する
(3) プレゼン中に視聴者の注意を引き続ける

以上の項目を遵守することで、効果的なプレゼンテーションを行うことができます。

（1）概要を伝える

短いプレゼンテーションであれば、話の内容が明確であるため相手も聞きやすいでしょう。しかし、外部の講師として45分や1時間の長いプレゼンテーションを行う場合はどうでしょうか。

私は自己紹介に3分を割り当て、その後の研究内容については15分で詳しく説明し、最初のスライドで45分や1時間のプレゼンの進行具合を明確に提示しています。テレビなどで一体どうなるのかという疑問は興味を引くかもしれませんが、研究関連のプレゼンテーションでは異なると感じています。発表内容を区切って提示することで、相手が非常に聞きやすくなるのです。

（2）発表時間の厳守

2つ目は、意外と難しい課題です。私が参加する学会の口頭発表では、通常12分の発表に続いて3分の質疑応答が設けられることが多いです。そのため、厳密に12分で終わらせる必要があります。**時間を完璧に守ることは、スライドを作成し、個人で練習し、**

プレゼンの進行を把握している証拠です。もちろん、練習なしでスライドだけを作成し、偶然に 12 分で終わることもあるかもしれません。しかし、しっかりと準備をしなければ、時間通りに終わることは難しいのです。たった 1 分のオーバーでも、聴衆はすぐに気づきます。また、質疑応答の時間も削られてしまいます。これは下手に映り、同様の状況が他でも起こります。時間通りに終わることは、思っているほど簡単ではありません。

（3）視点のコントロール

　3 つ目は、**視聴者の視点をコントロールする**ことです。発表者が話しているスライドの箇所と視聴者が注目している箇所が一致しなければ、メッセージは効果的に伝わりません。私のプレゼンを見たことがある方ならばご理解いただけるかもしれませんが、私は実験の説明や結果の提示において多くのアニメーションを使用し、矢印や重要なポイントの強調にも特に気を配っています。これにより、**私が話している場所と視聴者が注目している場所が一致**するようにしています。

　私は発表者が話している箇所がわからないスライドをよく目にします。情報が過剰でどこに注目すべきかわからないのです。これでは、スライドがあっても視聴者の理解の助けにもならず、意味がありません。

　そのため、**プレゼンテーションの前に視聴者がどこに注目しているかを考えてみましょう**。情報を一度に多く提示するのではなく、アニメーションを使用して情報を段階的に提示することで、スライドに変化が生まれます。そしてそれは視聴者を飽きさせず、どこに話が進んでいるかも視認しやすくなるため、理解が深まりエンゲージメントの高いプレゼンテーションとなるでしょう。

COFFEE BREAK

大学教員の仕事を獲得するために 欠かせない5つのこと　前編

　学生にとって、研究論文を書き実績を上げるために頑張る先には、大学教員や研究者として活躍する未来を夢みることも珍しくありません。

　大学教員の道を目指すために博士課程に進むことも、その理由の1つと言えます。現状ではまだ、博士号の取得が大学教職員採用の絶対的な条件ではありませんが、大学教員を目指すためには、以下の5つの項目を実践してみてください。

大学教員の仕事を獲得するための5つの項目
(1) 博士号を取得する
(2) 研究業績をできるだけ増やす
(3) 指導力をつける
(4) 英語力をつける
(5) コネを作る/人間関係を構築する

---

(1) 博士号を取得する

　日本では、修士号のみで大学教員として活動している方をみかけますが、そもそもアメリカでは修士号では教員（助教以上）になる資格がありません。現在もそうですが、今後はさらに日本でも博士号の取得が求められ、博士号なしでは大学教員の道は険しくなるのではないでしょうか。

(2) 研究業績をできるだけ増やす

　学会での研究発表や研究論文の執筆、データ分析のスキル向上、共同研究の増加など、研究業績を向上させる方法はたくさんあり

ます。ただし、単に論文の量を増やすだけでなく、質の高い論文を少しずつ増やしていくことが重要です。

　学会参加や論文執筆は研究業績を向上させるために直結しています。私自身、初めて教員の仕事を得る際には、学会発表が25件、研究論文が8本、研究費の獲得実績があったことが非常に有利に働きました。

（3）指導力をつける

　大学教員には、**授業を教える力と教えられる数が必要です。アメリカでは、大学教員の仕事を得るために、何個の授業を教えられるかが重要で、面接で必ず聞かれます。**

　私は、最初の大学教員の仕事の面接では、スポーツ心理学と運動発達の授業を1人で担当した経験がありました。また、運動学習・制御という授業では、アシスタントで補助していた授業で、3つの学部の主要な授業を担当した経験がありました。

　それに加えて、日本の中学・高校の教員免許やテニス、卓球などの授業を教えていた経験も評価され、1時間の模擬授業で高い評価を得ることができました。転職時には、ペンシルベニア州立大学で合計10個の授業を担当していたため、教える経験も増え、転職に有利に働きました。

（後編：195 ページに続く）

第 9 章

投稿に関する注意

　この章では、研究論文を提出する前に確認すべきことや投稿方法について説明します。**どのような研究論文が掲載されやすいのか、また却下されやすいのか**など、その決定に影響を与えるものや、**査読者が具体的に何を見ているのか**についても解説します。

9.1　研究論文投稿への最終確認

　研究論文を完成させた後、学術誌に提出する前に確認すべき、掲載されるためのポイントは以下になります。

　前章で言及した方法、結果、緒言、考察、抄録に関する内容も含まれていますが、ここで再度確認することをお勧めします。

投稿前に確認するポイント

（1）（投稿先が指定する）フォーマットの確認

（2）引用・参考文献の（表記体裁の）確認

（3）図表の確認

（4）タイトルを再度見直す

（5）長い文章を減らす

（6）抄録の情報を再確認

（7）研究目的の再確認

（8）方法と結果の一致

（9）研究の重要性に関する情報

（10）プルーフリーディング

（1）フォーマットの確認

　学術誌に論文を提出する前には、**学術誌が指定するフォーマットに従って論文を整え、レイアウトを確認し、必要に応じて修正**する必要があります。

　また、論文の章立てや構成が学術誌のガイドラインに従っているかどうかも確認する必要があります。論文の引用方法や参考文献の書き方は、学術誌によって異なるため、注意が必要で、結論の章を考察の次に用意するかどうかなど、学術誌で異なるケースもあります。さらに論文の長さも学術誌のガイドラインに従っているか確認する必要もあります。

（2）引用・参考文献の確認

　引用と参考文献が正確なフォーマットに従っていることを確認しましょう。例えば、多数の文献を引用する際に、同じ年号で同じ研究者の論文を引用している場合には、APA フォーマットの場合では（2020a）、（2020b）のように区別する必要があり、注意が必要です。

（3）図表の確認

　図表が正しい位置にあるか、フォーマットに従っているかなど、必要に応じて修正することが重要です。学術誌によっては、本文と図表を分けて提出することが求められる場合もあります。

（4）タイトルを再度見直す

　論文の抄録を読むかどうかは、タイトルで決まります。タイトルが不明確であることや、論文の内容と合わないといったものは印象が悪くなります。そのため、タイトルを何度も見直し、**適切でわかりやすいタイトル**をつけることが重要です。

（5）長い文章を減らす

　長い文章は読みにくく、よい文章とは言えません。そのため、文章を短くシンプルにすることが読みやすくする上で重要です。

　例えば、目安として英語の論文では、**4行文章が続くことは避けるべき**です。私は、2〜3行程度が適当だと考えています。先行研究を複数引用して長い専門用語が続く場合は、4行以上になることもありますが、それ以外の場合、4行以上の句点がない文章はお勧めできません。

（6）抄録の情報を再確認

　タイトルの次には、抄録が重要な役割を担っています。前章で解説したように、抄録は各セクションの中で最も重要な内容を短くまとめ、**研究の概要を説明し、研究目的や最も重要な結果をわかりやすく提示**することが必要です。そのため、論文を投稿した後、査読者まで届くかどうかを決める重要な要素となるので、再確認が必要です。

（7）研究目的の再確認

　研究目的を明確にする場所は、複数存在します。抄録の1〜3行目、緒言の後半、考察の最初の段落、考察が長い場合は考察の最後の段落など、複数箇所で明示されることがあります。研究目的が明確であれば、研究内容の予想が容易になるため、わかりやすく具体的な目的についての文章を執筆する必要があります。

（8）方法と結果の一致

　「方法」と「結果」は密接に関係しています。特に研究のデータ分析と結果の内容は対応している必要があります。そのため、データ分析で説明された内容が、結果の欄でも同じように説明されているか確認する必要があります。読みやすい論文では、方法のデータ分析を読むことで、その結果がどこで説明されているかがわかるは

ずです。

（9）研究の重要性に関する情報

　研究の重要性は、緒言と考察に含めることで論文の印象が向上します。先行研究をもとに既知の知見と未知の知見を説明した後、どのように本研究がその未知の知見の解明に取り組むのかを説明することで研究の重要性が伝わります。

　また、考察では、研究結果だけでなく、この研究結果が世の中に与える影響や人々の生活にどう汎化されるか、現場における意義などを説明します。さらに、研究結果がどのように活用されるかをわかりやすく解説することで、研究のための研究ではなく、人々の生活を豊かにするための研究として認識され、読者からの印象がよくなります。

（10）プルーフリーディング

　文法や綴り、句読点などの打ち間違いの確認は必要不可欠です。著者本人が読むことはもちろんのこと、共同研究者や同僚、そして他の方にも読んでもらい、単純なミスだけでなくわかりにくい箇所がないかどうかを確認することが重要です。ミスが多い文章は査読者の印象にも悪影響を与え、却下される可能性が高まります。

9.2　掲載される論文と却下される論文

　以下は、掲載されやすい論文と却下されやすい論文の特徴です。すべての特徴を満たすことは難しいかもしれませんが、できるだけ多くの掲載されやすい特徴を取り入れ、却下されやすい特徴を改善することで、掲載されやすい研究論文になります。

掲載されやすい研究論文の7つの特徴

（1）新規性がある

（2）信頼性がある

（3）論理的である

（4）要約性がある

（5）貢献度が高い

（6）注目度が高い

（7）言語や表現が明確である

（1）新規性がある

　研究論文が新しい知見や発見を含んでいることが重要です。掲載される論文は、先行研究からの重要な発展を示し、新しい研究の展望を提供することが期待されます。

（2）信頼性がある

　研究論文は、信頼性が高いことが必要です。研究では、正確で正当なデータが使用され、研究方法が適切であることを示すことが求められます。特に、**研究方法は他の研究者も同じ手法で研究を再現できる**ことが求められるため、方法の明確性が最も重要です。

（3）論理的である

　論理的な論文は、研究の緒言または背景、目的、方法、結果、考察、結論を明確に示し、論文全体に統一感があります。

（4）要約性がある

　要約性がある論文とは、短く簡潔にまとめられています。読者は、膨大な量の論文を読まなければならないため、重要な情報が簡単に把握できることが重要です。

（5）貢献度が高い

貢献度が高い論文は、研究結果がどのように現場（実社会）と結びつくのかをわかりやすく説明します。

（6）注目度が高い

注目を集める研究内容は、多くの学術誌から好まれ、掲載されやすい傾向にあります。

（7）言語や表現が明確である

表現が明確な論文は、上記の項目をすべて含みます。専門家の査読者だけでなく、一般の読者にもわかりやすく説明することが求められます。

却下されやすい研究論文の7つの特徴

却下されやすい論文には、7つの特徴があります。以下の項目が増えれば増えるほど、却下されやすい傾向があります。

具体的に、多くの日本人が犯しがちなミスを紹介し、これらの特徴を避けることにより、却下されやすい特徴をなるべく減らし、より掲載される確率の高い論文にすることができます。

却下されやすい研究論文の7つの特徴

（1）フォーマットが間違っている

（2）参考文献が整っていない

（3）引用されている先行研究が古い

（4）方法が不明瞭である

（5）考察が過剰になっている

（6）目的や研究の重要性が不明瞭である

（7）結論が執筆されていない

　（1）～（3）は比較的簡単に修正できます。（4）～（7）はテクニカルな内容で、特に（4）と（5）はよく見られるケースです。（5）のケースでは、研究結果を明確に示すことが目的であるにもかかわらず、**考察が過剰になりがちなのは**、英文校閲をしていてもしばしば見られます。しかしこれは、**査読者にとっては厳しい評価を受ける要素**です。

　最後の**結論の章については**、**研究結果を考察すること以上に**、**研究の意義や実践現場における研究結果の意義など**、**一般の読者にも伝わるように書くことが求められます**。しかし、このようにわかりやすくまとめることは難しく、抜け落ちてしまうこともあります。

　また、研究論文では、結論は考察に含んで執筆することが多く、結論の章を別に用意する必要はありませんが、結論を考察に含んで書いておくことは重要です。結論が抜けてしまっている論文は、貢献度の低い論文に見えてしまうため、注意が必要です。

9.3　英文校閲をお願いする際に忘れてはならないこと

　私も英文校閲を引き受けることがあるため、セルフプロモーションに聞こえるかもしれませんが、依頼を受ける際に実感するのは、**研究者でなければ**、**研究論文の校閲は難しい**という点です。

　もしあなたが日本の大学教員の場合、日本人の大学生や大学院生に日本語の文章を作ってもらうでしょうか。おそらく、「学生に私の論文が書けるか」と考えるでしょう。

　しかし、英文校閲はただネイティブスピーカーである人に論文を見てもらっているだけで、研究者が見ているわけではほとんどありません。

英文校閲依頼者からのメール

　以前、私に英文校閲を依頼してきた方から、このようなメールを
もらいました。

イワツキ先生

初めまして。
ユーチューブを拝見いたしました。いつも興味を持って見ております。

ご相談がありメールをいたしました。

現在、論文を書いているのですが、そもそも英語力が乏しいため、グーグルなどの力を借り
て、どうにか書いております。
この今書いている論文は、█████████████という雑誌に一度投稿し、リジェクトさ
れ、データなどが足らないなどの意見をいただいているので、
データや言葉を整えて、再度提出しなさいという論文です。
また、上記論文を█████████という英語論文の添削修正する会社に出したんですが、まと
もに添削しなかったため、████████████に出した時、レフリーコメントで、英語が
できていないとけちょんけちょんに言われました。

こんな感じなのですが、イワツキ先生のところでは、論文を見てくださったり、アドバイス
を頂けたりできますでしょうか?

　まず、大事な点を考えてみましょう。某業者には、本当に**論文を
複数本執筆した経験のある「研究者」が存在するのか**ということで
す。自分の論文をきちんとした研究者が担当しているのかどうか、
その確認を最初に怠ったりすると、深刻な問題に直面することにな
ります。私は、このような問題に苦しんだ人から何度も連絡を受け
ています。

　**「文章を英語に変換すること」と「英語論文を作成すること」は、
全く異なります。**

　私は英語ができないままアメリカに留学しました。アメリカ人
は英語が得意なのを見て、羨ましく思いました。留学から7年後、
アメリカの大学で教員となり、現在は学生の英語を見ていますが、

文法のミスがとても多いです。非常に理解しにくい文章もあります。彼らは皆アメリカ人であり、大学生や大学院生であるというだけで、最初から論文を提出するに値する文章を書けるような学生はほぼ存在しないのです。つまり**英語ができるということは、必ずしも英語論文が書けるということとイコールではありません。**

それを肌で感じるのは、複数の方から某業者の翻訳の質が悪いという連絡を受ける時です。前掲したメールがよくある例です。

英語が苦手な場合、自分が提出した書類が本当によいものなのかどうかすらわからない状況です。昔は、私も同じように感じていました。

校閲者の見極め

私の経験上、しっかりとした研究者でないと論文を書くこと自体が難しいのに加え、**多数の論文を掲載しないと査読者に選ばれることはありません。**したがって、某業者で働いている人がそういった立場にあることは考えにくいです。実際にそのような話を聞いたこともありませんし、おそらく、大学生の文章レベルの人や修士課程を修了した人が校閲をしているのではないかと睨んでいます。

自分が努力して時間をかけて作成した論文、ましてやそれが進学や昇格にかかわってくるものを、きちんと校閲してもらうにはどうするか、自分の人生を左右する問題です。冷静に最善の判断をしてください。

話を戻して、私は前記のメールの方の英文校閲を引き受けました。幸運なことに、最終的にはとても高いレベルの雑誌に論文が掲載されました。ですが、この方が最初の某業者へ支払った校閲費用20〜30万円は今でももったいないと感じます。

私は単に某業者を批判したいだけではありません。そうした業者で満足している方もいるでしょう。

　例えば、もしもこの業者の日米の立場を入れ替えたとして、それこそ日本人の学生が、海外の方の依頼で日本語の文章の校閲をお願いされることに抵抗があるかどうかは、個々の意見の違いだと感じます。

　あるいは研究者から「英文校閲をお願いしたい」という連絡を受けることは、研究者としての実績やレベルを認められていることでもありますから、そう思っていただけるほうにとっては、本当に幸せなことです。

　私は特定のルールに従ってお願いする相手を指定するつもりもなく、また某業者を通じて英文校閲を行い、英語論文を掲載することに何の問題もありません。ただし、研究者ではない方に対して信頼を寄せてお願いするのは、少なくとも自分には難しいというのも間違いありません。

誰に校閲を頼むのか

　研究者として自分のキャリアを見据えて、大学や研究職として選ばれる人材になるために、英語で論文を書くことに興味を持つのは大事です。**日本語の論文は残念ながら、世界的に見てほぼ価値がありません。**

　その点、英語は多くの可能性を秘めています。海外で経験を積むことや、英語で論文を執筆できることは、間違いなく将来成功する研究者や教員になるために必要なスキルです。もはや英語に堪能な人材が大学で雇用されやすいことは言うまでもありません。大学や研究機関は将来に向けて準備をしているのです。私たちはこれを忘れてはなりません。

　だからこそ英語の添削が必要な場合は、**英語の優れている同僚に頼むか**、あるいは**共同研究者として指導する側の先生にお願いして携わってもらう**など、自分の未来のために、誰に頼むのか吟味することが重要なのです。

9.4 査読者が注意して評価していること

　この章では、私が研究論文を200回以上査読してきた経験や、これまでに30本以上の研究論文を掲載する際に感じた査読のプロセスについて紹介します。具体的には、学術誌の編集長から確認を求められる箇所や私が読む際に気になる点、査読者から多く指摘を受ける内容を中心に解説します。

査読者が注意して評価している7つの項目

(1) フォーマットと参考文献

(2) 再現性

(3) 引用先

(4) 被験者の数と選び方

(5) 研究の限界

(6) 考察の過剰さ

(7) 研究の新規性、問題定義、興味の度合い

---

　(1) は最も重要な項目で、以降、重要度が少しずつ下がっていきますが、査読者はどの項目も評価に気を配ります。これらの項目は、研究論文が「掲載可」、「修正可で再提出」または「却下」のいずれかに判断される際に大きくかかわります。さらに、**わかりやすい文章を書くことは最低限の条件であり、研究領域が異なる方でも理解できるように書かねばなりません。**すべての読者が研究者とは限らないため、そのことを理解して執筆する必要があります。

(1) フォーマットと参考文献

　研究論文のフォーマットが適切でないことや、参考文献が正しく整理されていない場合、研究論文が査読者に回ることはありませ

ん。代わりに、編集者に却下され、以下のようなメールが届くことになります。

「多くの方がこの学術誌に論文を提出するため、掲載率は低いですが、懲りずに論文を提出してください。」

──記述例──

Dear Dr. Iwatsuki,

Thank you for submitting your manuscript to Name of the Journal. I regret to inform you that I have decided to reject your manuscript. Due to the large number of submissions we receive, only a small percentage of them is sent out for review. This is done to protect the workload of our editorial board members. In this instance, I decided not to forward for review your submission.

We appreciate your submitting your manuscript to this journal and for giving us the opportunity to consider your work.

Kind regards,

Name
Editor or Associate Editor
Name of the Journal

（2）再現性

　幾つかの学術誌では、「**方法を評価してください**」と**査読者に要求する**ほど、研究の方法は非常に重要です。方法が不明瞭な場合、再現性が確保できず、同じ研究手法で結果を得ることができません。この問題は研究において非常に深刻であり、他の部分が優れていても、方法に問題があると論文が却下される可能性が高くなります。

　学術誌の編集者は、査読者に論文を転送する前に、この再現性を確認し、問題がある場合は即時に却下することがよくあります。特に、データ取得方法などで修正が不可能な研究は、査読後でも掲載される可能性が低いため、そのまま却下の可能性が高くなります。

（3）引用先

　研究論文を書く上で、**参考文献の正しい引用は非常に重要**です。もし研究内容に詳しい査読者である場合、誤った引用をしているとすぐに指摘されるため、注意が必要です。複数の文章で誤った情報が見つかる場合や、引用のない論文は、即時に却下される可能性があります。

（4）被験者の数と選び方

　近年、学術誌において被験者の数に関する指摘が増えていると感じています。特に**量的研究においては、仮説を証明するための十分な被験者数が含まれているかどうかが重要視**されることが多く、インパクトファクターの高い学術誌ではこの傾向が顕著です。

　論文を掲載するためには、G-power（サンプルサイズ計算ソフト）などの方法を用いて被験者数を求め、方法の被験者項目に詳細を記述する必要があります。また、**被験者の抽出方法がランダムであるかどうかも査読者によって指摘されやすい項目の1つ**です。これは、人文自然科学を含めた研究において重要な要素です。

（5）研究の限界

　1つの研究ですべてを理解することは不可能です。そのため、査読者は研究者が自身の研究の限界を理解しているかどうかを問う方法として、**考察部分の研究の限界に着目します。査読者に好まれる限界点は、「今後の研究の課題」として執筆**することです。

（6）考察の過剰さ

　すべての項目に記載されているように、**考察の過剰さは却下の原因の1つとなります。**研究結果から導き出せない内容に基づいて考察を進めることは、読者に誤った解釈を与える可能性があります。特に、研究内容が人命にかかわるものであったり、医療方法に影響を与えるものであったりする場合には、編集長や査読者が慎重に評価をします。

　過剰な考察を避ける2つのポイントは、**①結果に基づいた考察であるか**と、**②先行研究に基づいて推測されているか**です。このような項目がないか読み返し、必要に応じて消去や改善することで「行き過ぎた考察」がなくなります。

（7）研究の新規性、問題定義、興味の度合い

　査読者は、**研究に新しいアイデアや知見が含まれているか、そのための問題定義が論述されているかを評価**します。これらの情報が含まれた論文は、前述した通りよい印象を与えます。学術誌の選択方法においても、学術誌が興味を持つ内容であることが重要です。

　例えば、質的研究を多く掲載している学術誌に、量的研究の内容を提出する場合、却下される可能性が高くなると考えられます。研究内容が優れていても、その学術誌に適合するかどうかは、結果的にその学術誌の読者層に合うかどうかにもかかわります。また、学術誌のレベルが高い場合、査読者が「この程度の内容ではこの学術誌にふさわしくない」という文言で却下してくることがあります。

9.5　英語論文の投稿方法

　この項目では、研究論文の提出時の手順について説明します。最低限の条件として、提出を希望する学術誌のガイドラインを確認し、フォーマットを整えた論文を完成させる必要があります。また、共同研究者の確認が終了し、必要な修正箇所が修正された状態であることも重要です。

　その後は、以下の手順に従います。項目4以降は、主にウェブ上で行われ、必要な情報を入力することで研究論文を提出できます。

論文の投稿手順

投稿時の作業手順
- （1）カバーレター／Cover Letter を作成
- （2）タイトルページ／Title page を作成
- （3）オンラインで論文の提出を開始
- （4）タイトルページ、研究論文、図表を提出
- （5）論文の種類を選ぶ
- （6）研究倫理に関する情報を入力
- （7）研究費に関する情報を入力
- （8）共同研究者の情報を入力
- （9）キーワードの選出
- （10）タイトル、抄録、抄録の文字数を入力

（1）カバーレター／Cover Letter を作成
　カバーレターは、研究論文と一緒に学術誌の編集部に提出される

書類で、研究論文の概要や責任著者の情報を含みます。研究論文の重要なポイントやその論文がなぜ学術誌に掲載されるべきであるのか、またその論文がどのような貢献をもたらすのかを示すことが望ましいです。また、論文に関する連絡先や論文の提出日についても記載することが一般的です。

さらに、カバーレターには研究倫理や研究費に関する情報を簡単に述べることもあります。研究倫理に関する情報は、研究において倫理的に配慮しなければならない事項がある場合に、その事項について述べるものです。研究費に関する情報は、研究に使用した資金源や資金の額についての情報を含むことがあります。

最後に、カバーレターの末尾には**責任著者（Corresponding Author）の名前と所属を記載**します。責任著者は、学術誌との間で連絡を取り合う窓口となる役割を持ちます。

（2）タイトルページ／Title page を作成

タイトルページは研究論文のタイトル、著者の氏名と所属、責任著者（Corresponding Author）の連絡先情報などを記載する重要なページです。また、学術誌によっては、タイトルページに要約やキーワードを含めるように求める場合もあります。著者の所属には、所属機関や大学、研究所名などが含まれます。

（3）オンラインで論文の提出を開始

学術誌に論文を提出する場合、まずその学術誌のウェブサイトから**「論文を投稿する（Submit a manuscript）」**といったアイコンを探し、クリックします。そこで必要事項を入力します。具体的には、氏名、所属、住所、メールアドレス、そしてパスワードを設定して、論文を提出するためのアカウントを作成します。提出までの手順は基本的に同じですが、学術誌によって若干異なる場合があります。

（4）タイトルページ、研究論文、図表を提出

　準備した書類をオンライン上でアップロードします。学術誌の規定によって、論文に図表を含めて提出する場合と別々に提出する場合があります。また、図表をカラーにすることができる場合とできない場合があり、カラーのためにお金を支払う場合もあります。

（5）論文の種類を選ぶ

　研究論文には以下のように種類があります。学術誌によって選択肢が多少異なる場合がありますが、研究内容にあった種類を 1 つ選びます。

① 総説（Systematic Review や Meta-analysis）
② 原著論文（Original Article）
③ 実践研究（Case Study）
④ 短報（Short Communication）
⑤ 研究ノート（Research Note）

（6）研究倫理に関する情報を入力

　利害関係があるかどうかを述べる箇所です。例えば、会社から出資されて研究を行う場合、会社の望む結果を出すために研究結果を改竄するなど、倫理に反することがあるため、利害関係（Conflict of Interest）を入力する必要があります。また、他者や研究者本人のメリットがある場合も同様に記載します。

（7）研究費に関する情報を入力

　研究費を受け取って研究を行っている場合は、その情報を入力します。研究費を受け取っていない場合は、「該当しない：N/A（Not Applicable）」となります。

（8）共同研究者の情報を入力

研究論文に関与したすべて研究者の氏名、所属、住所、メールアドレスなどを入力する必要があります。

（9）キーワードを入力

3から6個程度のキーワードを入力します。これらは、研究論文に関連する単語であり、他の研究者が簡単に検索できるようにするために重要です。ただし、ここで選択するキーワードは、タイトルにすでに含まれているものではありません。学術誌によっては、タイトルに含まれているキーワードを入力する場合、変更が必要な場合があります。

（10）タイトル、抄録の本文・文字数を入力

多くの学術誌では、研究論文のタイトルと抄録を別々に入力することが求められます。研究論文を提出する際には、タイトルと抄録の情報を含めた書類を提出することがほとんどですが、このプロセスで再度入力する必要があります。

一般的に、**タイトルと抄録の情報は、論文提出時に情報がまとめられた PDF の書類の 1 ページ目に掲載**されます。また、抄録の文字数や、場合によっては論文全体の文字数も入力する必要がある場合もあります。

上記の内容で提出する準備は完成です。研究論文を提出する際は、先に述べた内容を入力し、最終的な提出物として PDF ファイルなどを確認する機会があります。この時には、情報が正確に入力されているか、添付書類が適切であるかなどを再確認します。問題がなければ、正式に論文を提出するための「Submit a manuscript」ボタンをクリックし、確認のためのメールが著者に送信されます。なお、共同研究者もこの確認メールを受け取ることがあります。

査読者に掲載可や修正後、再提出の結果をもらうには…

　学術誌によっては、責任著者が誰に査読をしてもらいたいか推薦する必要があります。これを「Suggested Reviewers」と呼びます。推薦された方が査読者になるかどうかはわかりませんが、なる場合もあります。私自身も査読者として推薦され、これまでに複数の論文を査読してきました。

　多くの場合、最初はいったい誰を推薦すべきかがわからず、悩むことがあります。私がお勧めする**査読者の選出法は、研究論文中で引用した研究者**です。なぜかというと、先行研究として引用するくらいの論文の著者ならば、当然自分の研究論文の結果を適切に評価できると考えられるからです。

　しかし、逆の場合もあります。例えば、査読者の論文を批判するような内容で論述し、その査読者の論文を引用しているケースです。さらに、反対する査読者（Opposed Reviewers）という研究論文を査読してほしくない研究者の入力ができる場合もあります。その際は、**査読してほしくない研究者ではなく、研究論文をサポートしてくれる可能性が低いと考えられる研究者を入力する**ことをお勧めします。

　このように、査読者を選ぶことは重要です。柔和な査読者から非常に厳しい査読者、細かく論文を読む査読者から雑に論文を読む査読者まで、多種多様な査読者がいます。例えば、統計処理にだけやたらと口を挟む査読者や文章の構成に口を挟む査読者もいます。文法に問題ない英語の論文でも英語に文句をつける査読者もいます。私自身も英語を指摘されたことがあります。

　驚いたのは、20年以上アメリカに住み、これまで研究論文を200本以上掲載した私の博士課程の指導教授（ドイツ人）の文法に関して、問題がない文法にもかかわらず、文法の変更を求める査

読者がいたことです。そのため、査読者によって、論文の評価は大きく変わってきます。次の章では、論文の査読結果が返ってきた後の、具体的な回答方法を解説します。

査読者の推薦

　自身の体験ですが、自分の執筆した研究論文を引用した論文が掲載されると、自分自身の評価にもつながるので、そのためつい掲載を望んでしまいます。要するに、
査読中の論文が掲載→論文中に自分の論文があるため引用数が増える→結果、自分の論文の評価も高くなる
という可能性があると言えます。
　また、私が執筆した論文で、査読者に特定の論文を引用して論述するよう求められたことがあります。場合によっては、まだ掲載されたばかりの論文を引用するよう指示されることもあり、この場合、指定された論文の著者が査読者である可能性が高いです。
　査読者自身の研究が引用されることは、ポジティブに評価される傾向があり、倫理的な問題ですが、自分自身の研究論文が他の研究者に引用されるのは、多くの方が嬉しい気持ちになるのではないでしょうか。

第10章 査読後

この章では、研究論文を学術誌に提出して返ってくる結果の種類や結果に対処する方法、そして論文が掲載されるまでの戦略について解説します。

10.1 学術誌に提出した論文の結果

研究論文への評価であり、結果は以下の4つです。

論文の評価

① 掲載（Accept）

② 多少の修正（Minor Revision）

③ 大幅な修正（Major Revision）

④ 却下（Reject）

---

①の場合、掲載前の研究論文を最終的に確認し、修正点がある場合は直す必要があります。しかし、それを除けば、あとは掲載を待つのみです。

②の場合、提出した研究論文の修正点が少ない場合は1つということもあります。また、修正点が多い場合でも文法に関するもので修正内容が非常にシンプルであることが特徴です。時には文章を付け加えることが求められることもありますが、基本的には修正方法が査読者と執筆者の双方が理解できる内容です。

③の場合は、修正の機会が与えられ、その後①～④の結果を待つ

プロセスとなります。査読者の人数によって変更点の数が異なります。2人以上で査読を行う場合が多いです。

　私の経験上、2人の査読者が論文を評価し、1人が却下、もう1人が修正という評価を出した場合、追加の査読者が加わることがあります。

　④の場合は、研究論文が提出先の学術誌で却下された場合、査読者からのコメントを同時に受け取ることができます。しかし、編集者によっては、却下された論文についてコメントを残さない場合もあります。

10.2　却下（Reject）時に、まずすること

　異なる学術誌に論文を提出することで、再度結果を待つことができます。前章で学術誌の選び方を説明しましたが、同等のレベルの場所に挑戦するか、レベルを下げて再提出するかを考えます。ただし、締め切りまで時間が迫っている場合は、レベルを下げて再提出することをお勧めします。

　却下されて修正するためのコメントを受け取った場合、どの程度修正するべきか、私が考える修正に関するポイントを次節にて説明します。

コラム

Reject された時に精神的な モチベーションを保つ方法

　最初から何でも上手にできる人はいません。この本を購入した方々の中には、私の研究実績を信頼してくださった方もい

らっしゃるかもしれません。しかし、実際には私自身、大学には一般入学試験の経験もなく、400字の小論文を書くことすら上手にできない学生でした。

Reject されるということは、失敗ではありません。挑戦しなければ失敗は存在しません。そして挑戦しなければ成功もありません。

「失敗はダメだ」という思い込みを持っている人は、本当の意味での挑戦を避ける傾向にあります。たとえ論文の質がよかったとしても、査読者によってはそれが認識されないことも珍しくありません。また、英語での論文掲載経験が一度もない場合、インパクトファクターの高いジャーナルに最初から挑戦するのは無謀です。

指導教授や経験豊かな研究者を共同研究者として迎え、準備をしてレベルの高いジャーナルを目指す場合は別ですが、それ以外の場合は、自ら失敗を招くことになりかねません。

英文校閲者として、論文の経験がない方に対しては、もちろん強制ではありませんが、初めは比較的簡単な雑誌から挑戦することをお勧めしています。スポーツでたとえるなら、野球を始めたばかりで、素振りのやり方を教わっただけの選手が、いきなり試合でホームランを狙うような無謀な挑戦だと伝えることもあります。

地に足をつけ、小さな成功体験を積み重ねて自信を高めながら、少しずつ自分の能力を向上させ、研究のレベルを上げることが重要です。

Reject されると、人によっては落ち込んだり、鬱になったり、引きこもってしまったり、自分がダメな人間だと思い込んでしまうこともよく聞きますし、特に博士論文や昇進にかかわる場合は、そうなることも理解できます。しかし、論文のReject は研究の一部でしかないので、振り回される必要はありません。

　大切なのは、失敗から学ぶことです。私は何度も失敗し、Reject もされ、修正を求められましたが、**諦めずに論文を書き直すことで、書けるようになりました。これは誰でもできる**ことです。

　私は Reject を失敗とは考えませんが、そう思う場合でも、この「失敗を経験しなかった」ということは挑戦していなかった証拠です。「失敗からでも成長できる」というマインドを持ち、失敗から学びを得てください。

　それでも落ち込んでしまった場合は、美味しいものでも食べて気持ちをリフレッシュさせましょう。私なら、お寿司を食べた後にタピオカミルクティーを飲むことで、十分に幸せな気分になれます。

　皆さんのお気に入りの食べ物は何ですか？

10.3　修正できるもの、できないものの対応

　修正は、1 か所だけ簡単に変更するだけのものから、文章を追加することや分析方法を変更して新しい結果を出すことなど様々です。また、被験者の数を増やすことが容易ではない、データ取得などの方法論に関する指摘は、全く変更できない場合もあります。

　私は、以下の方法で修正するかどうかを決めています。

> ① 修正が簡単なもの　　→ 修正する
> ② 修正が複雑なもの　　→ 再検討する
> ③ 統計処理の修正　　　→ できるだけしない

　①のうち、修正に踏み切るかどうかの重要な決め手は、以下の2点です。

　　・提出した論文が却下され、異なる学術誌に提出しなければならない場合。
　　・提出した学術誌から大幅な修正の結果をもらった場合

　私は、却下された論文は、基本的には大きな変更は行いません（その理由は下記）。ただし、変更することで掲載が可能な場合は変更をしていますが、あくまでも例外扱いです。

　しかし、③のデータ分析の方法に関する指摘がある場合は、慎重に考えます。**データ分析の方法を変えるということは、方法自体が変わり、結果や考察にも影響が出ることがあります**。場合によっては、論文全体に影響する変更が必要になるため、変更を求められていても、自分の中で妥当な理由を述べ、変更しなかったこともあります。その1つの理由として、**変更したからといって掲載されるわけではない**ということを念頭に入れておかないといけません。どれだけの変更が必要か、変更する理由が明確か、与えられている時間などを考慮して、慎重な判断が求められます。

査読者が正しいわけではない

　これまでの体験から、査読者の指摘がすべて正しいわけではないことを感じます。以前は、査読者のコメントがすべて正しいと思い、提出した論文のすべてを修正していました。論文が却下された場合でも、査読者のコメントを信用して論文を改善し、異なる学術誌に投稿していました。

　しかし現在は、すぐに修正できる場所だけを修正しています。なぜこのような対応に変わったかというと、以前、優れた指導教官の論文にかかわったとき、その教官は必要な情報だけを修正し、修正が不要な場合は理由を明確に述べて回答しました。指導教官の論理が明らかに正しいと思うこともありました。

　もう1つ自分の体験で、論文が却下され査読者からコメントをもらい、そのフィードバックを使用して論文を修正したことがありました。しかし、次の学術誌に提出すると再び同じ箇所を指摘され、そもそも修正する必要がなかったことを学びました。

　私自身英語で30本以上の研究論文を執筆し、掲載された経験がありますが、査読者によっては研究レベルが低く感じられることもあります。査読者は、論文や文章を詳細に精査し、時には無理矢理にでも批判的な視点から指摘すべき点を見つけ出そうとしているように見受けられることもあります。

　査読者のすべてのコメントが正しいわけではなく、またすべてを変更する必要はありません。「すべて変更するべきだ」といったメンタルは自分の論文を崩す可能性があり、慎重に対処する必要があります。

修正のさじ加減

　私のルールは、研究論文が掲載される可能性がある場合、査読後に可能な限り多くの変更を行うことです。

　もし却下され、査読者からフィードバックをもらった場合は、即座に変更可能な箇所のみを修正し（または次の学術誌に直ちに投稿し）、再提出します。

　複雑な内容や統計処理に関する大きな変更点は、時間がかかることや必ずしも正しいとは限らないことを考慮して修正はしていません。

　研究データの分析に関する内容は、変更しないようにしようと考えています。その理由は、統計処理を変更することで結果が変わり、研究のストーリーや考察にも変更が生じる可能性があるためです。そのため、変更しないで却下された場合は、違う学術誌に再提出することを考え、査読者に回答することがあります。

10.4 掲載されるための査読者への対応方法

　研究論文の掲載には、論文の変更だけでなく査読者へのコメントの対応方法も重要です。具体的な回答方法については次の項目で説明しますが、ここでは**査読のプロセスで注意すべき点**を説明します。

査読のプロセスで気をつける 5 つの項目

（1）期限までに回答する

（2）謙虚な姿勢で対応し、感情的にならない

（3）指摘内容にすべて回答する

（4）指摘内容に対して適切に議論する

（5）査読者の立場になって考える

（1）期限までに回答する

　多くの学術誌は、30〜90日以内に修正を行うことが求められます。この期限は厳守する必要があり、状況によっては編集長に対して猶予を申し出ることが必要です。

　私は、大幅な修正の結果をもらい論文を**修正するときはできるだけ早めに修正**することを心がけています。早ければ早いほど自身だけでなく査読者も論文内容を覚えています。回答が遅いとし、査読者が2回目の査読をみてくれず、新しい査読者になることがあります。

　私の経験で、論文の掲載が確実と思っていた論文がありましたが、新しい査読者に変更されてしまい、全く異なった視点からコメントをもらい、結果却下されたことがあります。

　こういう事態を避けるため、**できるだけ早めに回答し査読者が覚**

えているうちに修正することは重要です。しかし、何より大事なことは早さよりも質を保つこと——これに尽きるのです。

（2）謙虚な姿勢で対応し、感情的にならない

　査読者からのコメントには、論文を改善するための有益な指摘がある一方で、「論文が悪いので変更してください」といった気分を害するようなものもあります。適切なコメントを受け取るためには、感謝の気持ちを持ち、謙虚な姿勢で回答することが大切です。

　論文掲載への助けになるためには、感情的な回答は避け、査読者に指摘していただいたことに対しておおらかな気持ちで対応することが必要です。例えば、「査読していただき、ありがとうございます。ご指摘の点を修正して改善するよう努めます」といった回答も含むくらいの気持ちが適切で、私はそのような内容を含み回答しています。間違っても「あなたの意見は間違っている」など否定して回答することはお勧めしません。

（3）指摘内容にすべて回答する

　まずは、すべての内容に回答すること。そして、明確に回答することも重要です。私は**文章を書く際には、相手を混乱させることが最も避けるべき**だと考えています。そのため、すべての内容に対してわかりやすくコメントを書くことが大切です。また、変更点の内容がどこにあるのか、論文の何ページ何行にあるのかなど、査読者にわかりやすいように回答をまとめることも必要です。例えば変更した文章を黄色くハイライトして、変更点をわかりやすく示すことも重要です。そうすることで、査読者のストレスを抑えることにもつながります。

（4）指摘内容に対して適切に議論する

　時には、変更に非常に時間がかかる、また議論をすることが難しい修正点を求められることがあります。例えば、自分が正しいと査

読者へ意見を伝え、変更しない場合は特に注意が必要です。

　基本的には、変更点をすべて変更しその質がよければ次の査読者からのコメントが減り、最終的に論文が掲載されます。しかし、査読者からのコメントを変更しない、また変更内容が悪い場合は、それが原因で論文が却下されることもあります。

　そのため、**修正・変更しない場合はその理由をどれだけ上手に論述できるかが鍵**になります。

　適切な修正方法は、先行研究を用いて議論のポイントを自分の意見が先行研究から生まれたものであることを査読者に丁寧に説明することです。客観的に自分の論述をまとめて、文章の修正をし、そして適切に議論することが望ましいです。

（5）査読者の立場になって考える

　もしあなたが査読者だったら、どのようなコメントがあなたを喜ばせるか、そしてあなたの意見が取り入れられたと感じるかなど、査読者の立場に立ってコメントをすることが重要です。あなたのコメントによって論文が改善されたことや、あなたの意見を真剣に聞いていることを示すことが大切です。**査読者に論文の改善に貢献できていると思わせることを念頭におく**とよいです。

　また、査読者として自分自身の回答や修正点を見直し、査読者にとって理解しやすく、質の高い修正を行うことも重要です。

　次の項目では、具体的にどのようなコメントが予想されるか、そしてどのように文章を作って回答していくかを、多くの例を使って解説します。

米国の教員への応募（アプライ）に 英語論文数は何本求められますか？

　分野によって本数は異なりますが、私の専門分野である心理学や運動学の職においては、最低でも３本の論文を揃えることが望ましいと考えています。もちろん、可能であればそれ以上の論文を提出したいと思っています。

　私は修士課程を日本とアメリカで修了しているため、研究論文を合計８本執筆しています。研究業績は論文の本数で評価されることも比較的多くあり、論文の数が多いことは自己アピールのポイントになります。

　また、論文のサンプル提出を求められた場合には、３本の論文を提供できることも重要だと感じています。したがって、私は掲載された論文を持っている中で応募したいと考えていますが、厳密に言えば、論文０本でも応募（アプライ）自体は可能です。

10.5　査読者への対応に使える模範解答集

　この項目では、私の体験をもとに具体例を示します。論文を修正することはもちろんですが、査読者への修正の文書も、論文よりも重要だと考える研究者もいます。どのように回答するかによって、論文が掲載されるか、却下されるかが決まるからです。

　これらの例は、世に出回っていない貴重な情報だと考えております。そのため、読者にとっても役に立つものとなるでしょう。

　忘れてはいけないことは、査読者とのやりとりは、自分が正しいことを主張する場所でなければ、戦いの場でもないということで

す。査読者へのコメントは、交渉の 1 つなのです。

> **まず査読者と編集者にお礼を述べ、適切に論文が修正されたことを伝える**

- Thank you for the time to review this manuscript for improvement. We believe that an appropriate modification has been completed and a revision has been made according to the comments.
- Thank you for your interest in our work. We are grateful for your comments to improve our manuscript. The following section indicates how we addressed the different points raised in this review process.
- Thank you for the positive notes. We believe we have properly addressed all the points to improve our manuscript.

> **指摘されたことへ丁寧に対応する文言**

- Thank you for sharing your concerns.
- I understand your concerns.

> **指摘されたことへ査読者に「正しくよい指摘である」と褒める文言**

- You are right on this one.

- The point is well taken.
- Thank you for pointing that out.
- We did not notice this matter.
- We did not realize that, so thank you!
- Thank you for your suggestion.
- We appreciate the positive note that …
- This point is well taken. We agree that …

指摘された内容の変更が完了したことや、修正点を伝える文言

- We modified the sentence.
- We modified the end of introduction to make it clearer.
- We modified it below.
- We changed the sentences to "…"
- Based on your suggestion, we changed to …
- This sentence has been modified.
- We rewarded some of our sentences using the given suggestion.
- The section was modified to change the order of sentences and revised the section.
- Done.
- Completed.

指摘された情報を加えたことを伝える文言

- We added one sentence to discuss …

- We added one paragraph to discuss the limitation of the study, including …
- We have added more information on …
- To emphasize that, we added …
- This information has been included.

改善したことで内容が明確になったことを伝える文言

- We re-wrote "……." We believe that …. is clear.
- I hope now it's clear as the method section has been revised.
- After the modification, I feel that the idea has been clear.

先行研究を追加することを要求されたときに伝える文言

- Give your suggestion, we added the article below.（この後先行研究を追加する）
- We included the study done by（先行研究）in the introduction.
- We have included the suggested references to …
- We added these references.

指摘内容に査読者が勘違いしていることを伝える文言

- Thank you for pointing that out ; however, we

meant ...

- We believe you took this as ... instead of ....
- We already mentioned ..... in the previous section.
- I understand this, and we have added this justification.

変更できないことを伝える文言

- We are afraid for the flow of the paragraph by completely removing this information.
- Thank you for your suggestion but ...
- Except for ..., we tried to make clear throughout the introduction.
- Based on this literature, we believe that this rational is strong to be included.
- Two recent works suggest this idea ; therefore we believe this is important to keep this information. Please see the recent work below if you need more information.

10.6 「Accept」獲得までの道のり

修正を繰り返して辛抱強く取り組めば、誰でも Accept に近づき、最終的には Accept を獲得できます。前述したように、**論文を適切に改訂し、査読者が満足するコメントを作成すること**が大切です。

英文校閲者を含め多くの方から、「論文がなかなか掲載されない

ことに苦しんでいます」と聞きます。「査読者へのコメントが多すぎて返答できない。ストレスが溜まる」と聞くこともあります。

　私自身もそういった経験があります。査読者に返すコメントが70個もあったり、査読者へのコメントが20ページ近い量になったりしたこともありました。

　修正できるところを丁寧に修正して論文を改善することで、必ず査読者からのコメント量が減ります。そして、再提出を繰り返すことで、研究論文は必ず最終的に「Accept」へと至るでしょう。以下のコラムを参考に、読者の皆さんも「諦めずに挑んで」ください。最終的にはそれに尽きるのです。

 著者の「Accept」獲得までの道のり

　私はとある研究論文[23] が掲載されるまでに8つの学術誌から連続して却下を喰らいました。以下は、私が論文を却下され続け、メンタル面も追い込まれた例です。Accept まではこういった苦闘がよくあるので、自分を追い詰めすぎないようにしましょう。

8つの Reject の末の Accept

① Psychology of Sport & Exercise（IF: 2.9）

② Journal of Sport & Exercise Psychology （IF: 1.4）

③ The Sport Psychologist（IF: 1.4）

④ Sport, Exercise, & Performance Psychology（IF: 1.9）

⑤ Research Quarterly for Exercise & Sport
（IF: 1.9）

⑥ Journal of Sports Sciences（IF: 2.8）

⑦ Perceptual & Motor Skills（IF: 0.8）

⑧ Journal of Performance Psychology
（IF: 0.0）

⑨ Journal of Motor Behavior（IF: 1.5）
　 ― 掲載可

※Impact factor（IF）は毎年変わるので、上記の数字は当時
　のもの

■論文提出先別　結果一覧

提出先	時期	出来事	備考
①	2019年6月	論文提出	却下だが、コメントを もらい手応えあり
	2019年8月	却下（査読者コメントあり）	
②	2019年9月	論文提出	「レベルに達しない」。 前回より状況が悪化。 期待外れ。
	〃	却下（編集者による）	
③	2019年9月	論文提出	論文が不適合とのこと
	〃	却下（編集者による）	
④	2019年10月	論文提出	転送メールが届く
	〃	却下（編集者による）	
⑤	2019年10月	論文提出	転送メールが届く
	〃	却下（編集者による）	
→④と⑤はレベルが高かったため、納得。しかし、気持ちが少し落ちる			

提出先	時期	出来事	備考
⑥	2019 年 11 月	論文提出	転送メールが届く
	〃	却下（編集者による）	

→ Original Article ではなく Case Study としてレベルを下げて提出も却下

提出先	時期	出来事	備考
⑦	2019 年 11 月	論文提出	修正後、論文掲載の期待が高まるが、大幅修正後の却下はメンタル的にとても苦しい
	12 月	大幅な修正	
	2020 年 1 月	論文再提出	
	2 月	却下（査読者が不満足と回答）	
⑧	2020 年 2 月	論文提出	レベルの低い学術誌の対応に、気持ちが乗らず修正断念
	5 月	修正断念	
⑨	2020 年 6 月	論文提出	私の研究領域では歴史と IF ある学術誌に掲載が決まり、長い旅が終わった感があった
	7 月	大幅な修正（1）	
	8 月	論文再提出	
	〃	大幅な修正（2）	
	9 月	論文再提出	
	〃	多少の修正	
	10 月	論文再提出	
	〃	Accept 獲得	
	11 月	最終の論文構成提出	
	2021 年 2 月	オンライン上に掲載	

T. Iwatsuki and M. P. Otten

Wulf, G., Lewthwaite, R., Cardozo, P., & Chiviacowsky, S. (2018b). Triple play: Additive contributions of enhanced expectancies, autonomy support, and external attentional focus to motor learning. Quarterly Journal of Experimental Psychology, 71(4), 824–831.
Wulf, G., & Toole, T. (1999). Physical assistance devices in complex motor skill learning: Benefits of a self-controlled practice schedule. Research Quarterly for Exercise and Sport, 70(3), 265–272.

Received June 4, 2020
Revised October 1, 2020
Accepted October 2, 2020

提出先	時期	出来事	備考
⑨	2021 年 9 月	学術誌（同年 5 号の巻に掲載）	

提出先	時期	出来事	備考

Journal of Motor Behavior, Vol. 53, No. 5, 2021
© Taylor & Francis Group, LLC

RESEARCH ARTICLE
Providing Choice Enhances Motor Performance under Psychological Pressure

Takehiro Iwatsuki[1], Mark P. Otten[2]

　このように、1本の論文が掲載されるまでに、複数の学術誌から却下をされ続け、時には修正しても却下され、複数回の修正の果てに漸く掲載までこぎつけることもあります。くじけずにどこまで戦えるか、それしかないのです。

10.7　研究論文を書くためのモチベーションを上げる方法

　私は心理学・スポーツ心理学を教えており、モチベーションについて情熱を持って学生に話し、伝えています。モチベーション、つまりやる気は重要で、それがなければ努力することはできません。

　論文を書くべきだとわかっているのに（思考や認知の面）、書きたいと思えないのはなぜでしょうか（感情の面）。これは研究に限らず、あらゆることに起こります。やった方がよいこと（思考的には理解している）をやれるなら、勉強しない人はいません。肥満もありません。アメリカでは肥満が特に問題とされていますが、みんな少しの運動をすればよいことさえわかっています。しかし、できません。これは感情が動かされていないために起こることで、実現できないのです。**人の行動は、思考ではなく感情によって決まることを理解する**だけで、なぜ論文に向けて頑張れないのかがスッと理

解できるのではないでしょうか。

　では、どのようにやる気を高めるのかを考えてみましょう。**書いた後の楽しい未来を思い描き、自分の目標や希望、夢への挑戦、野望など、感情を一気に動かすことが重要**です。これがなければ人は頑張ることができません。

　私自身の例として、アメリカで博士号を取得するという夢に向かって、英語が全くできない状態から挑戦し、英語の勉強にひたすら励むことにつながりました。また、博士号の取得後は教員になることを修士課程の頃から考え、その目標を実現するために研究論文の本数を増やすことを常に意識していました。大学で教員として働き、教育の楽しさを味わうことが私の夢であり目標でした。これらの思いが論文執筆のやる気を後押ししてくれました。

　驚かれるかもしれませんが、私は論文執筆が好きと言われると、たまに研究大好きな週末も研究に没頭していれば幸せという場合とは異なり、そこまでではないと思っています。教えることは好きだと感じますが、研究はお仕事の一部と位置付けています。研究活動に頑張れたのも、スポーツ心理学の授業を教えたい、教育者としての仕事に就くことで得られる**未来への期待があった**からです。振り返ってみると、大学教員という地位を手に入れたいという欲求が私を駆り立てていたのかもしれません。私も論文執筆に取り組む際に頑張れない時がありましたが、**夢の大きさが私を奮い立たせてくれました。**

　あなたの夢は何でしょうか。研究論文を執筆することで得たい未来は何でしょうか。家族をサポートするための昇進を目指すことですか、それとも博士号を取得して大学教員としての生活を楽しむことですか。または、比較的給料のよい大学教員という職業に就くことで BMW などの外車に乗ることを目指しているのでしょうか。

　1 番楽なのは、論文を書くこと自体が楽しく、研究活動をしてい

る時が最も幸せだと感じる場合、やる気の問題は起こらないでしょう。趣味にやる気は必要ありませんし、趣味の一環として週末のゴルフを楽しむのと同様です。

　しかし、多くの方にとって研究論文の執筆は趣味ではありません。そのため、**論文執筆によって得られる未来を考える**のです。これは心理学では「外的動機づけ」と呼ばれ、論文の執筆作業そのものが好きという「内的動機づけ」と比べると劣るとされています。**しかし、この外的動機づけを上手く活用し、内的動機づけと結びつけてやる気を高めていくことが特に重要**だと私は考えています。そのためには『なりたい自分像』──将来の目標に向き合い、自分自身にどうすれば実現するのか問いかけることで行動変容のきっかけを掴んでください。これは心理学でもよく知られている話です。

なかなか頑張ることができないとき

　多くの人に当てはまることですが、頭で重要なことを理解しているにもかかわらず、実際の行動に移せないという例が挙げられます。もし人々がやるべきことをすぐに実行できれば、肥満に悩む人は減り、腹筋が割れた人が増え、生活習慣病に苦しむ人も少なくなるでしょう（アメリカは 35％が肥満です）。

　しかし、頭で理解（認知）していても、感情が動かなければ行動にはつながりません。これは一般的によくあることで、人間の行動は感情によって大きく左右されます。このような状況を打破するには、**目標の明確化が鍵**となります。

　私自身を例に挙げれば、「留学して博士号を取得する」という明確な目標を常に見える場所に貼りました。そうすることで、私は論文執筆に励み、英語の勉強をし、未知の環境での生活も乗り切ることができました。目標を明確にすることによ

り、意識的だけでなく無意識的にも自
分の目標を思考し続けることができる
ようになります。

　不安になる主な原因の1つは、何
を行動すべきかわからない状態です。
例えば、論文の書き方がわからない、
多くの選択肢の中からどれを選べばよ
いかわからない──、これらが行動できない原因となり、不安
が高まることがあります。本書では、論文執筆方法について
様々な攻略法を伝授して、書き進めることができるようにして
います。

　不安で何をするべきかわからない場合は、まず情報を得て次
の行動を明確にすることが重要です。また、何をすべきかがわ
かっていても行動に移せない場合は、
目標を明確にし、行動しやすい環境を
整えることが大切です。メンタルに関
しては動画の解説もご覧ください。ま
た読者限定の動画でも論文の執筆法を
解説していますので、QRコードにア
クセスしてみてください。

大学教員の仕事を獲得するために
欠かせない5つのこと　　後編

（前編：153ページから続く）

（4）英語力をつける

　英語ができるだけで、大学の教員になりやすいのは考えにくい事実かもしれません。しかし、アメリカで仕事を探していた頃、日本の教員募集要項もみていましたが、英語の語学力を優先的な基準にしているところが多かったように覚えています。例えば、慶應大学などの募集要項も英語力を重視していました。これが2017〜2018年のことです。

　現在、日本は少子化が恐ろしい速さで進み、学生数が減っているため、大学経営が成り立つかどうかの瀬戸際に立たされています。すでに閉校を決めた大学や近隣の大学が集まって合併したりと、サバイバルな状況になっています。

　こうした生き残りを模索する大学では、すべての受業を英語で行うなど「グローバル化」に舵を切りつつあります。例えば、東京大学大学院でもすでに多くのプログラムが英語であり、今後他大学でもその風潮は波及していくでしょう。

　そうなった時に必要なのは、日本語でも英語でも授業や指導ができる教員です。そして研究実績で言えば、英語で論文を書けることが間違いなく求められます。そのため、日本の大学も英語力のある研究者を大学教員の正規職員として雇う流れは、今後も一層強くなるでしょう。留学応援ガイドも巻末にありますので、興味がある方は参考にしてください。

（5）コネを作る/人間関係を構築する

　触れにくい内容ですが、読者には夢を掴んでもらいたいので本音を少しお伝えします。

　大学教員になる際に、縁故による採用は日本ではよく見られま

すが、アメリカでは２泊３日の面接で５人の面接官によって評価されるため、コネで面接に参加しても評価が悪ければ雇われることはありません。

　一方、日本では面接が15分程度で、指導力を披露する機会が限られているため、研究論文の数が他の応募者と差がない場合などは、評価が非常に難しくなります。また評価も複数の教員で多くの内容から審査を経て正当に決めるというステップが存在する学校があるといった話はあまり聞きません。そのため、コネで決まるという世界が存在することがあるとされます。

　このような状況を「コネ」と他力本願の感覚で捉えるか、「人間関係を構築する」という主体的なアプローチと捉えるかで、アプローチの仕方が変わってくると考えられます。

　例えば、あなたが大学院生で、ある教員に食事に誘ってもらったとします。同じ食事に参加した複数の大学院生がいて、その後、感謝のメールを送ったりしなかったりします。感謝の伝え方にも違いがあり、すぐに感謝を述べる学生や、当日の夜に述べる学生、次に教員に会った時に述べる学生もいるでしょう。

　感謝を早く述べることは、やはりよいとされています。お寿司も新鮮なうちに食べた方が美味しいように、感謝も早く新鮮な内に述べる方が教員にとっては嬉しいものです。大学教員になる場合、人間関係を築くことが非常に大切であり、ここでしっかり感謝を述べたり、教員に気に入られることが大事です。私のお勧めは、当日「ご馳走様でした」と感謝を述べて別れてから１分後です。それくらい新鮮で早い連絡がよいです。

　早く電車に乗って帰るではなく、立ち止まって御礼のメールをその場で作って送る、この行為が実は大きな変化を生むのです。

　実力がある場合には必ずしもコネが必要でないかもしれません。しかし業績があっても、感謝を伝えることができないような人間関係が築けない人を、あなたは雇いたい・一緒に働きたいと思えるでしょうか。

　些細なことかもしれませんが、報告・連絡・相談の「ほうれん草」を教員に伝えることはとても大切です。私自身も人間ですので、食事をご馳走した時に感謝を早く述べてくれる後輩とはまた一緒に行きたくなりますし、感謝の伝え方がわからない・ない後輩とは行きたくなくなってしまいます。結果として、感謝のできる「可愛い後輩」を誘うことになります。

　あなたが可愛い後輩として印象づけることが大切であり、それによって「コネ」を獲得することができるかもしれません。

　ここまでこの本を読んでくださった読者であれば、場合によっては厳しい査読になることを理解していただけたかと思います。もし、連続で却下された場合、私の却下され続けた話を思いだして「次は大丈夫」と少しでも励みになれば嬉しいです。

　私は読者の英語論文が「Accept」を獲得した体験談を聞くことを楽しみにしていますので、掲載できた際には、ぜひ、成功体験をお聞かせください！　SNS やまたはメールアドレス（info@hiroiwatsuki.com）でお待ちしています。読者の成功体験を聞くことは、私の楽しみであり喜びでもあります。**読者限定の論文や留学攻略ガイドもあります**ので参考にされてください。また、本書に関する質問等のお問い合わせも Welcome です！

I wish you good luck! I am rooting for you to publish your work!
頑張って下さい！　論文が掲載されるのを祈っています！

You don't have to be great to start but you have to start to be great.
I am sure you can do it!
英語を上手になって論文執筆をする必要はないけど、上手くなるためにまずスタートすることが大事なんです。あなたならできる！

参考文献 ◇◇◇◇◇◇◇◇◇◇◇◇◇◇◇◇◇◇◇◇◇◇◇◇◇◇◇◇◇◇◇◇◇◇◇◇◇◇

1. Iwatsuki, T., Takahashi, M., & Van Raalte, J.(2016). Effects of the intention to hit a disguised backhand drop shot on skilled tennis performance. International *Journal of Sport Science & Coaching, 11*(3), 365-373.

2. Iwatsuki, T. & Van Raalte, J.L.(2024). *Instructional Self-Talk, Performance, and Learning*：*Current Status and Future Directions*. Review of Self-Talk and Performance in Real-World Settings. In Thibodeaux, J., & Dickens, D. American Psychological Association.

3. Iwatsuki, T. & Van Raalte, J.L.(2022). *The Use of Self-Talk in Closed Self-Paced Motor Tasks*. Psychology of Closed Self-Paced Motor Tasks. In Lidor, R., & Ziv, G. Routledge.

4. Iwatsuki, T.(In Progress). *Teaching Mental Skills*. Becoming a Sport, Exercise, and Performance Psychology Professional：A Global Perspective. In Friesen, A., Brusckner, S., & Tashman, L. Routledge.

5. 岩月猛泰, 高橋正則, 渡部悟(2011). 世界一流男子テニス選手におけるファーストサービスに着目したゲーム分析. 桜門体育学研究, 45, 19-26.

6. 岩月猛泰, 高橋正則(2012). コートサーフェス別のファーストサービスに着目した世界一流テニス選手のゲーム分析―ロジャーフェデラー対ラファエル・ナダルの場合. テニスの科学, 20, 1-12.

7. 岩月猛泰, 高橋正則(2014). テニスのバックハンドにおけるドロップショットの動作解析―バックハンドのスライスと比較して. テニスの科学, 22, 11-22.

8. Iwatsuki, T. & Wright, P.(2016). Relationship among movement reinvestment, decision-making reinvestment, and perceived choking under pressure. *International Journal of Coaching Sciences, 10*(1), 25-35.

9. Slovák, L., Sarvestan, J., Iwatsuki, T., Zahradník, D., Land, W.M., & Abdollahipour, Z. (2022). External focus of attention enhances arm velocities during volleyball spike in young female players. *Frontier in Psychology, 13*.

10. Stribling, J., Aguayo, D., & Krohn, M.(2022). Rooter：A methodology for the typical unification of access points and redundancy. *Journal of Computer Science and Software Development, 2*, 1-8.

11. Mazieres, D. & Kohler, E.(accepted in 2005 but not published). Get me off your fucking mailing list. International *Journal of Advanced Computer Technology*.

12. Stromberg, J.(2014, November 21). *"Get Me Off Your Fucking Mailing List" is an actual science paper accepted by a journal*. https://www.vox.com/2014/11/21/7259207/scientific-paper-scam

13. Iwatsuki, T., Bacelar, M.F.B., Yoshihara, S., Lohse, K., & Van Raalte, J.L.(Under Review). Effect of instructional and motivational self-talk on motor tasks：Meta-analyses. *International Review of Sport and Exercise Psychology*.

14. Khalaji, Z., Alhosseini, M.N., Hamami, S.S., Iwatsuki, T., & Wulf, G.(2024). Optimizing motor learning in older adults. *Journal of Gerontology*：*Psychological*

Sciences, 79(1), 1-7.

15. Mousavi, S.M., Salehi, H., Iwatsuki, T., Velayati, F., & Deshayes, M.(2023). Motor skill learning in Iranian girls : Effects of relatively long induction of gender stereotypes. *Sex Roles*, 89, 174-185.

16. Mousavi, S.M., Dehghnizade, J., & Iwatsuki, T.(2023). Neither too easy nor too difficult : Effects of different success criteria on motor skill acquisition in children. *Journal of Sport and Exercise Psychology, 44*(6), 420-426.

17. Mousavi, S.M. & Iwatsuki, T.(2022). Easy task and choice : Motivational interventions facilitate motor skill learning in children. *Journal of Motor Learning and Development, 10*(1), 61-75.

18. Slovák, L., Sarvestan, J., Alaei, F., Iwatsuki, T., & Zahradník, D. (2023). Upper limb biomechanical differences in volleyball spikes among young female players. *International Journal of Sport Science & Coaching*.

19. Iwatsuki, T., Navalta, J., & Wulf, G.(2019). Autonomy enhances running efficiency. *Journal of Sports Sciences*, 37(6), 685-691.

20. Douglas, S.(2018, December 29). *To Run More Efficiently, Follow Your Bliss*. https://www.runnersworld.com/training/a25701846/to-run-more-efficiently-follow-your-bliss/

21. Iwatsuki, T., Shih, H., Abdollahipour, Z., & Wulf, G.(2021). More bang for the buck : Autonomy support increases muscular efficiency. *Psychological Research, 37*, 685-691.

22. Iwatsuki, T., Abdollahipour, Z., Rudolf, P., Lewthwaite, L., & Wulf, G.(2017). Autonomy facilitates repeated maximum force productions. *Human Movement Science, 55*, 264-268.

23. Iwatsuki, T. & Otten, M.(2021). Providing choice enhances motor performance under psychological pressure. *Journal of Motor Behavior, 53*(3), 656-662.

　ここで採り上げた研究論文は、右のQRコードからダウンロードすることもできます。

論文ダウンロード

使える英語表現、避けるべき英語表現　虎の巻

動詞と名詞の違い

動詞		名詞	
調査する	Examine	調査	Examination
試験する	Test	試験	Nominalization
評価する	Evaluate	評価	Evaluation
測定する	Measure	測定	Measurement
比較する	Compare	比較	Comparison
合成する	Synthesize	合成	Synthesis
解釈する	Interpret	解釈	Interpretation
分類する	Classify	分類	Classification
決定する	Determine	決定	Determination
確認する	Identify	確認	Identification
検証する	Validate	検証	Validation
収集する	Collect	収集	Collection
生成する	Generate	生成	Generation
抽出する	Extract	抽出	Extraction
開発する	Develop	開発	Development
分析する	Analyze	分析	Analysis
調査する	Investigate	調査	Investigation
実証する	Demonstrate	実証	Demonstration
準備する	Prepare	準備	Preparation
要約する	Summarize	要約	Summary
実行する	Implement	実行	Implementation
簡単化する	Simplify	簡単化	Simplification

標準化する	Standardize	標準化	Standardization
最適化する	Optimize	最適化	Optimization
可視化する	Visualize	可視化	Visualization
デザインする	Design	デザイン	Design

移り変わりで使うフレーズ

加えて	In addition,
	Additionally,
	Moreover,
	Furthermore,
	In addition to XXX,
	Besides XXX,

比較・対照	But,
	However,
	Yet,
	In contrast to XXX,
	On the other hand,
	Despite XXX,
	On the contrary,
	Although
	Unlike XXX,

説明	For instance,
	For example,
	To illustrate XXX,
	That is,

時系列的に	First,

Later,

Lastly,

Next,

After careful analysis of XXX...

結果を述べる　　　Therefore,

Thus,

As a result of XXXX,

要約　　　In conclusion,

In fact,

In summary,

To summarize (our result),

長いため避けるフレーズ　▶　お勧めの変更方法

- a considerable number of　　▶ many
- in many cases　　▶ often
- it is often the case that　　▶ often
- in a number of cases　　▶ sometimes
- an example of this is the fact that　　▶ for example
- based on the fact that　　▶ because
- due to the fact that　　▶ due to/because of
- regardless of the fact that　　▶ even though
- in spite of the fact that　　▶ although
- of great importance　　▶ significant
- during the time that　　▶ while/when
- with reference/regard to　　▶ about
- With the exception of　　▶ Except for
- with the exception of　　▶ except
- within the scope of　　▶ within

- according to our investigation ▶ we found
- in light of the fast that ▶ since/because
- the question as to whether ▶ whether
- Therefore, it is evident that ▶ Thus,
- As a matter of that ▶ In fact
- in order to ▶ to
- with the aim of/with the intention of ▶ to

曖昧な語句の改善方法

- several hours ▶ 8 hours
- frequently ▶ every 9 hours
- occasionally ▶ every 8 times
- a lot of times ▶ 20 hours
- At a normal speed, ▶ At 5 km/h,
- a significant number of participants ▶ 75% of participants
- Some studies ▶ Four studies
- In most cases, ▶ In 75% of cases,
- a limited number of studies ▶ 2 studies
- repeatedly performed ▶ performed 9 times
- slightly delayed ▶ delayed by 1 minute

あまり必要のないフレーズ

- It was observed that ...
- It is reasonable to assume that ...
- It has been found that ...
- It has been reported that ...
- It has long been known that ...
- It is interesting to note that ...
- According to the results obtained, ...
- As evidenced by the data, ...

- In light of these findings, ...
- Of considerable importance is ...
- As shown in previous studies, ...
- There is a large body of experimental evidence that noticeably demonstrated that ...

避けるべき・複数の使用はお勧めできない語句

● actually	● nearly
● really	● usually
● possibly	● generally
● realistically	● basically
● obviously	● frankly
● absolutely	● honestly
● definitely	● literally
● truly	● very
● substantially	

決まり文句としてそのまま使えるフレーズ集

20年以上の間、　　　　　Over the past 20 years,

近年は、　　　　　In recent years,

〜の研究では、　　　　　In the 〜 literature,

この研究領域は、〜によってさらに広がりました。
This line of research has been broadened further by 〜 .

研究の目的は、〜。
The purpose of the study was 〜 .

研究の目的は、〜の検討であった。
The purpose of the study was to examine ...

本研究の目的は、〜であるかの検討であった。
The purpose of the present study was to examine whether...

本研究では、これまでの研究では明らかにされていなかった 〜について調査しました。
This study investigated 〜, which has not been previous addressed in the literature.

私たちは、〜と仮説を立てた。
We hypothesized that 〜,

実験 1 では、
In Experiment 1,

本研究では、YYY を評価する/測るために/XXX を使用しました。
In this study, we used XXX to evaluate/measure/assess YYY.

XXX が使用され YYY が評価された/測られた。
XXX was used to evaluate/measure/assess YYY.

被験者は、ランダムに XXX と YYY の 2 つの群の 1 つに選ばれた。
Participants were randomly assigned to one of two groups, the XXX or YYY group.

本研究の結果は、〜と私たちの仮説をサポートした。
The present results support our hypothesis that 〜 .

本研究の結果は、○○の結果を〜のように引き立てた。

The present results complement the findings of OO (2016) showing that 〜.

本研究は、〜の結果と一致しています。

The present findings are in line with 〜 .

結果は、〜を支持するものでした。

The results supported 〜 .

３つの研究を通して、私たちは〜を確認した。

Across three experiments, we found that 〜 .

この研究は、〜を最初に明らかにした。

This is the first study to show that 〜 .

対象群とは対照的に、

In contrast to the control group,

〜は可能である。

It would be possible that 〜 .

どのように結果を説明できるのか？

How can these results be explained?

どのように私たちがこの結果を説明できるか？

How can we explain these results?

何が〜の関連するメカニズムであるか？

What is the underlining mechanism of 〜 ?

本研究の限界は、

Limitation of the present study was 〜 .

今後の研究では、XXX の研究を探求することが必要である。

Further research is needed to explore XXX in the future.

今後の研究では、XXX であるかどうか検討する必要がある。

Future studies will be necessary to determine whether XXX.

索 引

英字

Accept　187
American Psychological
　Association；APA　9
ANOVA　91
APA　9, 64, 141
APA フォーマット　9, 142
Blind peer-review process　65
Chicago　64, 141
Correlation　93
Corresponding Author　29
d：effect size　62
Editor-in-Chief　22
EndNote　148
G-power　61, 83, 166
Harvard　141
Human Movement Sciences
　120, 129
Impact Factor；IF　18
IRB（倫理委員会）　71, 75
Journal of Sport and Exercise
　Psychology　120, 130
Journal of Sports Sciences
　119, 129
Literature Review　50, 80
Mendeley　148
MLA　64, 141
Opposed Reviewers　172
p-value　62
Psychological Research　119,
　129
Research Assistant　75

SPSS　94
Suggested Reviewers　172
Systematic Review　41
To Do リスト＋時間設定　69
t 検定（t-test）　90, 99

あ

アクセプト（Accept）　2, 187
アメリカ心理学会（APA）　9
行き過ぎた考察は、嘘をつくことに
　等しい　55
一要因分散分析　91, 100
インターネット環境をなくす　69
インパクトファクター（IF）　2, 14,
　18
引用文献　144
英語表現　201
英語力　195
英語論文　2
英文校閲　6, 160
応募（アプライ）　183
応用研究　43
オープンアクセス　20

か

外的動機づけ　193
学術誌（学術雑誌）　2, 18
学術誌のレベル　14
学会発表　149
カバーレター　168
環境づくり　66
基礎研究　43
共同研究　3

共同研究者　10, 27
計画的に仕事を進める　66
掲載料　21
結果　52, 73, 96
結果の解釈　122
研究アシスタント　35
研究環境　3
研究業績　3, 33, 152
研究結果　37, 122
研究者　152
研究ジャーナル（学術誌）　12
研究ジャーナルの決め方　12
研究テーマ　38
研究デザイン　42
研究の概要　110
研究の仮説　110
研究の限界　122
研究のための研究　50
研究の手続き　84
研究の背景　110
研究（の）目的　110, 114, 116
研究評価員　35
研究方法論　36
研究補助（Research Assistant）
　75
研究領域　113
研究論文の構成　60
原著論文　170
校閲者　162
効果量　62
考察　52, 73, 122
効率よく　67

さ

再現性　52, 81

査読者　5, 178
査読者の推薦（Suggested
　Reviewers）　172
査読のプロセス　164, 180
参考文献　52, 74, 140
サンプルサイズ　166
質的研究　42
質問紙　76
指導教官　10
指導力　153
ジャーナル　2
社会学　28
重回帰分析　93
修士論文　46
小目標を設定　71
抄録（Abstract）　132
緒言　50, 73, 110
新規性　158
人工知能（AI）　25
進捗状況も確認　77
進捗状況を可視化　71
心理学　28
新領域　56
図（Figure）　62
スタイル　9
生理学　28
責任著者（Corresponding
　Author）　29
先行研究　9, 110
相関分析　93, 105
総説（Systematic Review）　40
卒業論文　46

た

大学教員　152

タイトル　171
タイトルページ　65, 169
段階的なアプローチ　77
小さな達成感　70
データ収集　76
手続き（介入）　84
統計処理　62
統計処理ソフトウェア　94
ドーパミン　71

な

内的動機づけ　193
日本語の文献　147
二要因分散分析　91, 101
人間関係　195
ネイティブ　10

は

パーキンソンの法則　70
博士号を取得　6, 152
博士論文　46
ハゲタカジャーナル　24
ハワイ大学　35
反対する査読者（Opposed
　Reviewers）　172
反応的に仕事を進める　66
被験者　42
表（Table）　62
評価の対象　3
標準偏差　62
表や図　65
ファーストドラフト　75
フォーマット　9, 52, 54, 64, 140
フレーズ　202

プレゼンテーション　149
分割達成法　78
文献管理ソフトウェア　148
文献のまとめ（Literature
　Review）　50, 80
文献表記　140
平均値　62
編集者（学術誌のエディター）　57
ペンシルベニア州立大学　35
方法　52, 72, 80
翻訳サービス　11

ま

マインドセット　66
メタ分析（Meta-Analysis）　27
メンタル　188
模擬授業　33
目標を分割　77
モチベーション　69, 175, 191

や

やる気の継続　77
有意差　62, 98
要約　50, 74, 132

ら

利害関係（Conflict of Interest）
　65, 170
量的研究　42
（研究）倫理委員会（IRB）　45, 71,
　75
倫理審査　75
論文探し　40

謝　辞

感謝を込めて…

　この度は、本書を最後までお読みいただき、誠にありがとうございます。最初に、本を執筆できるまで成長させてくれた両親のサポートなしに、私はここまで来ることはできませんでした。本書籍の企画・編集に携わり、素晴らしい編集をしてくださった渡邊亜希子さんに、この場を借りて深く感謝申し上げます。さらに、編集の前に複数の章を丁寧に確認してくれた吉原翔太くん、丸尾和暉くん、浅沼駿哉くん、工藤由依さん、鈴木美香さんにも心より感謝いたします。

　最後に本書を読んでいただいた読者の皆さんに、どうしても伝えたいことを書いておきます。

　私は、研究論文の執筆を英語ですることとアメリカ留学を通して、学費全額免除や海外就職、永住権獲得やハワイ大学に転職と、留学前に全く予想もしていなかった体験ができました。最初は、誰にとっても研究論文を書くことは大変です。日本語で執筆することですら大変です。私は、日本語で文章を書くことすら上手にできませんでした。

　何事もそうですが、自分で実践しなければ何も変わらず、いつまで経っても英語論文の執筆はできません。まずは1本目に挑戦。そして2本、3本と継続して書き続けることで未来は変わります。将来を豊かにするために英語論文を執筆し、掲載を目標にしてください。

　皆さんと日本、アメリカ、もしくはヨーロッパでお会いできるの

を楽しみにしています。また SNS もしているので、メッセージも
お待ちしています。皆さんの英語で執筆した論文を読むことや、英
語論文から人生を切り拓いた話を聞くことを楽しみにしています！
We will talk soon!

本の感想や質問は以下からお気軽にどうぞ！
Email：info@hiroiwatsuki.com
Instagram：hiroiwatsuki
Threads：hiroiwatsuki
X：@HiroIsAHero
YouTube：イワツキ教授
著者 HP：https://hiroiwatsuki.com（イワツキ大学）

著者紹介

岩月　猛泰（いわつき　たけひろ）

運動学（健康科学）・心理学専門

2018 年　アメリカのペンシルベニア州立大学　助教
2020 年　NASA（アメリカ航空宇宙局）の研究評価員に抜擢
2021 年　Google 社のメンタルパフォーマンスコンサルタント就任
2022 年　ハワイ大学（University of Hawaii at Hilo）　助教
2024 年　同大学　准教授（現任）

日本に一時帰国の際は、東京大学、大阪大学、早稲田大学、筑波大学、慶應義塾大学、大阪体育大学等、これまでで 30 大学以上でゲスト講演を行う。YouTube チャンネル（イワツキ教授）を運営。

読者限定特典動画プレゼント！

　大学生が研究内容を理解するための初級レベルから、研究論文の執筆や英語での挑戦に向けた中級レベル、さらにはインパクトファクターの高い雑誌に投稿するための高度なレベルまで、留学・研究活動で必要な知識を網羅したWeb サイトです。

　読者のための期間限定公開で、大学教員になるための方法や指導教員の選び方、大学院留学の攻略方法、英語の効率的な勉強法などの情報も整理されています。

研究者のための英語論文の書き方

2024 年 7 月25日　第 1 版発行　　　　　　　　Printed in Japan

著　者　岩　月　猛　泰

発行所　東京図書株式会社

〒 102-0072 東京都千代田区飯田橋 3-11-19

振替00140-4-13803　電話03(3288)9461

URL　http://www.tokyo-tosho.co.jp

ISBN 978-4-489-02428-3